Caos, leyes raras y otras historias de la Ciencia

Caos, leyes raras y otras historias de la Ciencia

Para gente con poco tiempo y algo de humor

Dr. Felix J. Fojo

Número de Control de la Biblioteca del Congreso de EE. UU.:   2013913151
ISBN: Tapa Dura   978-1-4633-6252-2
                 Tapa Blanda   978-1-4633-6251-5
                 Libro Electrónico   978-1-4633-6250-8

Este libro fue impreso en los Estados Unidos de América.

Fecha de revisión: 22/07/2013

Para realizar pedidos de este libro, contacte con:
Palibrio LLC
1663 Liberty Drive, Suite 200
Bloomington, IN 47403
Gratis desde EE. UU. al 877.407.5847
Gratis desde México al 01.800.288.2243
Gratis desde España al 900.866.949
Desde otro país al +1.812.671.9757
Fax: 01.812.355.1576
ventas@palibrio.com
488453

ÍNDICE

AL FIN, EL CAOS

EN BROMA Y EN SERIO

A Chucha (Luna), Fiona, Troy, Lola, Mía, Zoe y el perro de Mauricio

Todos perros y perras, canes, como también les llaman, algo caóticos, pero con un sentido común y una fidelidad que ya quisieran los humanos

Explicar una cuestión cualquiera con argumentos más complicados parece un signo de inteligencia, pero no lo es

Aristóteles
384-322 ANE.

Los problemas complejos tienen soluciones simples, comprensibles y equivocadas

Anónimo

INTRODUCCION

Nada es nuevo, excepto la forma en que se coloca
Anónimo

Hace unos años, uno de mis yernos me dijo un día mientras conversábamos: -¿Tienes alguna buena idea de negocios entre manos? Le respondí que sí, que probablemente sí la tenía. -¿Tienes capital para invertir en tu proyecto? Le aclaré que no, que no en la cantidad necesaria. –Pues si no logras conectar el cerebro con el bolsillo tu idea seguirá siendo solamente eso, un sueño más que se llevará el viento.

Asentí. –Si la idea es realmente buena y logras la conexión entre la cabeza y la billetera, vas a ver como se convierte en algo material. Le repliqué en broma que lo que acababa de decirme se asemejaba mucho a una de esas "leyes" al estilo del tan llevado y traído postulado de Murphy.

Se sonrió restándole importancia al asunto y continuamos charlando de otros temas.

Unas semanas después comenzó en los Estados Unidos la carrera por la nominación del Partido Demócrata para las elecciones presidenciales del año 2008. Cada día que pasaba, al Senador Barack Obama, un advenedizo prácticamente desconocido fuera de su círculo de amistades y votantes de Chicago, pero muy buen expositor de ideas, recolectaba más y más dinero de sus fans, fundamentalmente a través de la red, -una fórmula impensable unos pocos años antes-, al tiempo que la Senadora Clinton, imbatible para los politólogos, los gurús de la política, los adivinos y el público en general, se iba quedando sin recursos económicos, como en efecto terminó sucediendo.

Ya candidato electo del Partido Demócrata, Obama, como todo el mundo sabe, continuó recaudando fondos para sus arcas de campaña a niveles nunca antes alcanzados y derrotó también al Republicano John McCain, convirtiéndose así en el nuevo Presidente de la nación.

Esa noche, después de escuchar los discursos de aceptación y derrota de ambos contendientes, llamé por teléfono a mi yerno.

Apenas contestarme le dije: -Se acaba de cumplir "la ley de Jesús" (ese es el nombre de mi yerno), Obama supo conectar el cerebro con el bolsillo, incluso empleando internet a gran escala. Volvió a sonreírse y me aclaró que él no sabía nada de leyes, salvo las de tráfico, que solamente tenía sentido común y se percataba de las cosas obvias de la vida.

Con casi cuatro décadas de experiencia médica y lector consuetudinario de libros científicos y buena (y no tan buena) literatura, sé que no todo lo obvio es necesariamente una ley, pero también he aprendido que muchas leyes postuladas por la ciencia se volvieron obvias solamente cuando la práctica o la aparente casualidad se encargaron de hacerlas evidentes a los ojos de la gente perspicaz y bien informada.

Me enseñaron en mi internado y residencia hospitalarias a tratar las gastritis y úlceras duodenales de mis pacientes con dietas muy estrictas, antiácidos e incluso intervenciones quirúrgicas de gran envergadura y riesgo, hasta... que varios investigadores con menos prejuicios señalaron y asociaron la presencia de una bacteria denominada Helycobacter creciendo y proliferando en la mucosa gástrica de la gran mayoría de estos enfermos.

Hoy, lo que nos hubiera parecido contraindicado hace 30 años, se ha vuelto obvio. Muchos enfermos de gastritis y úlceras se curan, casi siempre en pocos días, con medicación antibiótica asociada.

Para millones y millones de personas habituadas a ver noticieros de televisión 24 horas al día, siete días a la semana, atormentándose con interminables programas de análisis político y económico donde se debaten opiniones disímiles, contrapuestas, inteligentes algunas y otras sesgadas por intereses e ideologías de toda índole, pero casi siempre inexactas, sometidas a un volumen de información inmanejable que les llega, además de la televisión, por la prensa escrita (para muchos en proceso de extinción), la radio, internet, el cine, los intercambios interpersonales, magnificados ahora por la telefonía celular, los mensajes de texto y las redes sociales, el mundo se vuelve casi incomprensible, o incoherente del todo.

En una palabra, el mundo es un caos, lleno de sucesos aparentemente inconexos y velozmente cambiantes.

¿Qué nos ocurre?

Unos personajes con aspecto y formas de pensar medievales, perdidos en cordilleras inaccesibles, emplean tecnologías ultramodernas para desatar el terror en ciudades como New York, Madrid, Londres y Bombay. Inmensos taponamientos de tráfico roban horas al día. Figuras desconocidas se vuelven íconos mundiales hoy y desaparecen mañana sin dejar rastros. La gente se suicida online, las burbujas económicas explotan en horas llevándose por delante empresas enormes, los hielos eternos se derriten y los terremotos y tsunamis arrasan poblaciones completas, -plantas nucleares incluidas-, las bolsas de valores suben y bajan, los intereses bajan y suben y los países árabes (no todos, por desgracia) se alzan por la democracia contra todo pronóstico.

Los budistas nos dicen que es el karma; los políticos denominan a todo crisis, demostrando, como siempre, su carencia de imaginación; los pentecostales se refieren "a los últimos días"; los economistas hablan de recesión, estanflación, desaceleración y otras palabrejas, todas ominosas; los militares delinean conflictos que primero son quirúrgicos y luego pasan de baja a alta intensidad y viceversa.

Nosotros pensamos en ruidos en el sistema, corrupción, locura, desmadre, despelote. Y los científicos, siempre tan ecuánimes, pontifican acerca de la entropía, que es un término que suele explicarse por el símil del huevo de gallina roto que no puede recomponerse o el cubito de hielo que se derrite sin remedio.

Pero resulta que esa entropía, que es una forma sofisticada de nombrar el caos, se rige por leyes, y si el caos se rige por leyes, entonces todo el desbarajuste que vemos y vivimos en el mundo real debe también tener leyes.

Parece incluso que ese cuento de una mariposita que mueve sus elegantes alas en un desierto y provoca una perturbación ciclónica en el océano tiene visos de realidad, es más, tiene una convincente demostración matemática para el que esté preparado a comprenderla.

Se me ocurre pensar entonces que es posible que la "ley de Jesús" (mi yerno) tenga algo de científica, sobre todo cuando me entero de que un brillante astrofísico llamado Sir Fred Hoyle denominó jocosamente Big-Bang a una para él imposible explosión, dando nombre así, sin querer, a la probable explicación (por lo menos hasta ayer) de la formación del Universo.

O aún mejor, cuando leo en la prensa que el señor Alan Greenspan, ex presidente del Banco de la Reserva Federal de los Estados Unidos, reconoció ante la Cámara y el Senado de su país que él no tenía ninguna explicación para el desastre financiero de las hipotecas subprime, aunque aceptaba que en algo, quizás en la buena fe de los banqueros, debió de haberse equivocado.

No será que se cumplió en este caso uno de los corolarios de la ley de Jesús (mi yerno) que dice que cuando el bolsillo, esta vez un mastodóntico bolsillo, se conecta con una mala idea todo termina en catástrofe, siendo el tamaño de esta, la catástrofe, directamente proporcional al volumen del bolsillo multiplicado por la magnitud de la mala idea.

Habría que probarlo matemáticamente, claro, (y tendríamos un Nobel casi asegurado).

Con este alentador preámbulo, vamos entonces a adentrarnos en esos territorios tan apasionantes como poco explorados para los no iniciados de las leyes científicas y el caos, conociendo en el viaje a algunos personajes bastante pintorescos, narrando anécdotas simpáticas y repasando muy sucintamente ciertas teorías y leyes, que por demás suelen modificarse o cambiar con relativa frecuencia (esperemos que eso ayude a que se publiquen nuevas ediciones de este librito).

Mencionaremos también algunas de esas leyes que los científicos serios no suelen mencionar como tales, sobre todo porque han sido postuladas por guasones, casi siempre científicos muy respetados ellos mismos, para reírse a costa de algo o alguien, aunque... suelen cumplirse con diabólica y fatal regularidad.

Bienvenidos pues, al caos.

HERRAMIENTAS PARA ENTENDER EL CAOS

1

Algo es mejor que nada.
Teorías y leyes

Umberto Eco, un agudo y afilado observador de la vida y de los hombres, señala en uno de sus conocidos ensayos que los seres humanos solamente tienen cinco necesidades básicas: 1- alimentarse, 2- dormir, 3- recibir y dar afecto, lo que incluye el apremio de vincularse a otro ser (no necesariamente humano) y el sexo, 4- jugar, que Eco define como el placer de hacer algo por el puro placer de hacerlo, y, 5- preguntar y preguntarse por qué.

Como se ve claramente, las cuatro primeras necesidades las tienen también en mayor o menor grado los animales, y cuidado si hasta algunas plantas también, y la número cinco es, -que sepamos hasta hoy-, privativa del ser humano, y requiere por lo menos del lenguaje, y decimos por lo menos porque ya hay adolescentes que utilizan casi exclusivamente los mensajes de texto y twitter (u otras redes) para comunicarse.

Pues bien, una vez reconocidas, sentidas estas necesidades, comienza la eterna lucha por satisfacerlas, batalla incesante que conforma toda la prehistoria y la historia de la humanidad. Y es para encauzar "civilizadamente" las cuatro primeras necesidades, que surgen los gobiernos y estados, la política, la jurisprudencia, las categorías y estamentos, las fuerzas policiales y armadas, las instituciones no gubernamentales y todo el complejísimo aparato de las estructuras sociales.

¿Y la quinta?

Pues pecando de simples pudiéramos decir que de la quinta necesidad nacen, por un lado, la religión y la filosofía, y por el otro la ciencia. Sabemos que la cosa es mucho más compleja: ¿Dónde metemos el arte? ¿Tiene que ver la ciencia con las cuatro primeras necesidades? ¿No es ya el juego una rama de la ciencia? Y por ese camino podríamos continuar por mucho tiempo.

Pero lo que nos interesa dejar bien claro ahora es que tanto la esfera vital: comer, dormir, relacionarse y jugar, como la esfera, quizás más elevada espiritualmente de los ¿por qué? necesitan explicaciones y reglas, o sea, teorías y leyes.

Entendemos entonces que las leyes son una invención del hombre, del ser humano, y se pueden dividir, de una forma sencilla, en dos grupos:

1- Las leyes sociales, denominadas formalmente como jurídicas, que son instituidas, -que sean buenas o malas es otro asunto-, para proporcionarle un orden y unas reglas de conducta y convivencia al conjunto de las personas que viven en un país o estado, aunque con la globalización ya quieran extenderlas a todo el planeta y más allá.

2- Las leyes científicas, que establecen relaciones, demostradas matemáticamente, entre causas y efectos que ocurren habitualmente en la naturaleza.

El asunto se complica cuando se imbrican unas con otras, a veces de manera orgánica y razonada, como sería considerar la historia una ciencia, o las implicaciones que puede tener la forma de pensar en una época determinada sobre el enfoque de una ciencia en particular.

Otras veces se producen verdaderas aberraciones, como considerar "científico" el racismo eugenésico nacionalsocialista, defender económicamente la esclavitud o la ingeniería social que implantaron en su momento los regímenes comunistas.

Las dos clases de leyes guardan una completa relación con las ideas que los hombres tienen de ellos mismos, de los otros hombres y del medio ambiente que los rodea. Los atenienses de la época clásica inventaron la democracia, regida por leyes bastante claras y generalmente respetadas, pero sus legislaciones ciudadanas no incluían a los esclavos ni a los extranjeros.

Newton, una de las mentes más excepcionales de la humanidad, estableció la ley de la gravitación universal y desarrolló el cálculo matemático necesario para explicarla, pero no pudo hallar el mecanismo intrínseco de cómo funciona; pudo hacer predicciones válidas sobre el movimiento de los planetas alrededor del Sol que siguen teniendo plena vigencia hoy en día, pero no tenía ni la menor idea de que clases de fuerzas reales hacían que la Tierra mantuviera a la Luna en su órbita.

Trescientos años después seguimos prácticamente en el mismo sitio, pues aunque algunos físicos sostienen que el efecto se logra mediante unas partículas subatómicas a las que denominan gravitones, nadie ha podido encontrarlas aún.

La ley, o leyes, que rigen a los estados suelen estar reunidas en un cuerpo básico llamado constitución, que define la estructura básica de ese estado en particular, y el gobierno, que se supone debe respetar como cosa sagrada esa ley básica y regirse por ella (¡estamos hablando en serio, eh!), promulga a su vez otras leyes que tienen que ver con la economía, los tribunales de justicia, el orden interior, la política exterior e infinidad de otras materias.

En la vida real la práctica política es mucho más complicada y nos encontramos estados democráticos, como la Inglaterra actual, que no tiene una constitución escrita, mientras que otros estados menos desarrollados, casi siempre con gobiernos con pretensiones autoritarias, no hacen más que promulgar constituciones cada poco tiempo, cuyos gobernantes, además, no suelen cumplir ni respetar.

Las leyes científicas, para ser aceptadas como tales por la comunidad científica, deben cumplir requisitos mucho más estrictos.

Se comienza por formular una hipótesis, que habitualmente es una explicación provisional de un fenómeno basada en la observación, aunque esto no es imprescindible en todos los casos, pues genios como Einstein, basándose en simples representaciones mentales, fueron capaces de idear hipótesis sumamente complejas y avanzadas para su tiempo.

Las hipótesis pueden permanecer como tales, pueden ser refutadas, y pasar al olvido, por nuevas observaciones o experimentos, o pueden ser probadas, dejando entonces de llamarse hipótesis. Como se ve, el destino de las hipótesis es desaparecer a la corta o a la larga.

O se eliminan o se convierten en respetadas, y siempre discutidas, teorías científicas. Las teorías toman una hipótesis o un conjunto de hipótesis y tratan de establecer una o más leyes que expliquen los hechos.

Es muy común confundir hipótesis con teoría, incluso entre personas dedicadas a la ciencia, sobre todo si laboran en el área experimental. Los científicos experimentales suelen emplear modelos, fundamentados en las matemáticas que no son más que esquemas simplificados para facilitar el trabajo investigativo.

La ley va un poco más lejos. Es una explicación de lo que ocurre entre dos o más hechos, -variables se denominan-, que ha sido probada mediante una formulación matemática estricta que ha sido verificada repetidamente, y a la que no se han encontrado, por ahora, excepciones, y con la que se pueden hacer predicciones sobre acontecimientos naturales futuros, relacionados siempre al mismo fenómeno.

Pongamos esto en contexto.

Para colocar un satélite en órbita se necesita la energía del combustible de un cohete propulsor que sea capaz de vencer la fuerza de atracción gravitacional de la Tierra, y esta cantidad de energía, y otras variables como la aceleración, la velocidad, etc. pueden ser siempre previstas y calculadas una y otra vez, con lo que se demuestra la eficacia de la ley de la gravitación de Newton.

Hasta aquí todo bien, pero no debemos caer en la tentación de creer que las leyes científicas, a diferencia de las leyes sociales, son inmutables. No es el caso. Recordemos que las leyes, unas y otras, son formuladas por hombres, sometidos a las limitaciones propias de su naturaleza, del entorno que les rodea y de la época.

La ley de la gravitación de Newton sigue, y eventualmente seguirá siendo muy útil para calcular el combustible requerido por el cohete de marras, pero en la realidad científica la relatividad de Einstein puso al descubierto sus fallas, que son despreciables al nivel de la superficie de la Tierra, pero si evidentes a nivel de las relaciones entre cuerpos estelares.

Las leyes científicas son menos cambiantes que las sociales, pero también lo son.

Las leyes son imprescindibles. Sin leyes no habría sociedad ni probablemente habría ciencia, pero ni unas ni otras son absolutas y mucho menos eternas.

Las leyes son herramientas de orden para enfrentar el caos, que es más o menos como luchar por revertir la entropía, pero, y ese pero hace todo este asunto apasionante, la entropía, el caos, también son necesarios, y también tienen sus leyes.

2

Ojo por ojo. Una brevísima historia de las leyes

Los asuntos triviales se resuelven con rapidez, los importantes no se resuelven nunca
Ley de Gresham

La principal causa de los problemas son las soluciones
Anónimo

La historia de las leyes, tanto las sociales, que vinieron primero, como las científicas, está indisolublemente ligada a la historia de la humanidad.

Desde el mismo instante en que un humanoide dotado de ciertas características de liderazgo comenzó a dirigir a su grupo, a su clan, probablemente para buscar abrigo y comida, estableció, o impuso por la fuerza, reglas, o sea, estableció leyes rudimentarias pero eficaces, aunque, claro está, no las denominó así.

Esa imposición debe haber tenido un elevado contenido de fuerza bruta, con gritos estentóreos y muestra de colmillos.

Esta actitud se ha perfeccionado y sofisticado con el tiempo, pero no ha desaparecido ni un ápice, por el contrario, ha escalado hasta las arengas políticas, los drones, los jets de combate y los proyectiles de crucero.

Cuando un miembro de ese mismo grupo consiguió mantener ardiendo el fuego de una hoguera, añadiendo palos y hojas secas como combustible, los humanos prehistóricos comenzaron a lidiar, también rudimentariamente, con la técnica, y oblicuamente con su hermana la ciencia.

Unos 4000 años antes de NE los egipcios empiezan a regirse por un calendario de 360 días, regulado por el Sol y la Luna.

Contar con horas y días, consultar nuestra agenda electrónica y depender de ella es una parte inseparable de nuestra vida actual, pero pensemos por un momento lo que esto significó en cuanto a reglas y normas para aquella naciente civilización y las posteriores.

Unos mil años después comenzaría la explosión civilizadora que pondría término, definitivamente, a la prehistoria, o sea, al larguísimo período de más de un millón de años en que el hombre vivía y moría supuestamente sin historia.

Es en ese amanecer histórico que entran en escena los sumerios, construyendo ciudades como Babilonia y creando la escritura, necesaria para que las leyes se den a conocer, se transmitan y perduren en el tiempo.

El faraón Menes unifica Egipto a ambos lados del Nilo, surgen los números y con ellos la aritmética, la geometría y un rudimento de matemáticas. Los Mayas, en la actual Centroamérica, establecen su cronología para medir el tiempo. Los chinos reconocen a sus primeros casi míticos emperadores y dan inicio a las dinastías.

Las armas dejan de ser piedras y palos (aunque se sigan empleando las piedras y los palos como armas hoy en día) para perfeccionarse y hacerse mucho más mortíferas gracias al conocimiento de los metales y sus aleaciones.

La astronomía y la arquitectura se desarrollan en Egipto, Babilonia, la India y China, creando un efecto de doble sentido con la geometría y la aritmética, que serán perfeccionadas y elevadas a la categoría de ciencias exactas por los griegos, -y los chinos-, alrededor de diez siglos después.

Si de leyes se trata, el Código de Hammurabi (alrededor de 1760 ANE) merece una mención especial debido al hecho de haberse conservado en piedra hasta nuestros días, y a su mención del famoso "ojo por ojo y diente por diente", concepto legal tan aplicado, aunque casi nunca reconocido, por gobiernos, ejércitos (Osama Bin Laden dixit), fuerzas paramilitares, grupos religiosos extremistas, mafias y otras instituciones modernas.

Este código de leyes escritas no fue el único promulgado en aquellos tiempos, fue uno de varios: Códice de Ur-Nammu y Eshnunna, Tablas de Moisés, Códice de Lipit-Ishtar, papiro de Edwin Smith, etc. pero es el que se ha conservado tal y como se dictó, aparte de que podemos verlo, en la piedra original en que fue grabado, en el Museo del Louvre, en París.

De aquí en adelante la historia se complica.

Lo que no había ocurrido en milenios y milenios de permanencia humana sobre el planeta, se desencadena en unos pocos siglos.

La civilización deja de tener un crecimiento aritmético, lento, para saltar a un proceso geométrico rápido.

Resulta muy instructivo estudiar las tesis del filósofo moderno alemán Karl Jaspers sobre este período que se inicia alrededor del año 800 ANE y que él denomina período axial. Según Jaspers, ocurre un desarrollo paralelo y explosivo del pensamiento humano en cuatro regiones:

China, la India, el Medio Oriente y la Grecia clásica que nunca más volverá a verse en la historia de la civilización.

La idea central es que se produce un caos en el pensamiento humano que trae como consecuencia la duda existencial, la conciencia de la propia existencia y las limitaciones que impone la vida, la discusión abierta de las ideas, la duda, el debate de alto nivel intelectual y en última instancia la génesis de todas las formas de pensamiento que siguen teniendo vigencia actualmente.

Para nosotros, hombres occidentales por nacimiento y formación, el pensamiento griego resulta decisivo.

Comenzando por las rígidas leyes de Licurgo, un rey espartano cuya existencia real se discute, los ordenamientos legales del ateniense Solón y las primeras ordenanzas escritas del también ateniense Draco (de donde viene el término draconiano, así serían de duras), los habitantes de este minúsculo espacio geográfico que constituye la Grecia clásica, regalan al mundo, tanto al de ellos como al de nosotros, una obra filosófica, política, lógica, legal, artística y científica de inconmensurable valor, obra que aceptada o discutida, enaltecida o refutada, sigue siendo estudiada, divulgada y seguramente mejorada, aunque no siempre ni en todos los aspectos, pero nunca olvidada.

Si a alguien le viene como anillo al dedo el conocido dicho: "que hablen bien o mal de mí, pero que hablen" es a los griegos que vivieron en estos pocos siglos a los que nos referimos:

Hesiodo, Homero (así se trate de un bardo mítico o de un grupo de poetas de diferentes épocas), Tales de Mileto, Kalinos, Safo de Lesbos, -conocida hoy por dar nombre a una orientación sexual específica, pero injustamente olvidada como la poetisa de primera categoría que fue-, Hiparco, Anaximenes, Anaximandro, Temístocles, Clístenes, Tirceo, Pericles, Heráclito, el gran dialéctico de "nadie se baña dos veces en el mismo río", Jenófanes, Parménides, Anacreonte, Pitágoras y su famoso teorema, Teano, la esposa de Pitágoras, tan creativa e inteligente como él, Esquilo y Sófocles.

Le parece poco, pues continuamos:

Anaxágoras, Empédocles, Alcmeon, Diógenes de Sinope, que buscaba un verdadero hombre con su lámpara y parece no haberlo encontrado, Fidias, Hipócrates, Alcibiades, Leucipo, Zenón de Elea, Hipías, Eurípides, Aristófanes, Gorgias, Protágoras, Antifonte, Prodico, Herodoto, Praxíteles, Euclides, uno de los padres de las matemáticas, Demóstenes, Aristipo, Jenofonte, Epicuro, Plauto, Xenócrates, Arquímedes (se acuerdan de ¡Eureka!), Eratóstenes, Pirrón, etc...

¿Y quienes creen ustedes que forman parte del etc.? ¡Pues nada más y nada menos que Sócrates, Platón y Aristóteles!

La labor teórica de los filósofos y pensadores griegos sigue siendo hoy el fundamento y la fuente principal de gran parte del estudio sobre las leyes, tanto las sociales como las científicas.

No se puede discutir sobre democracia, idealismo, lógica, materialismo, cinismo, derechos, materia, cultura, tiranía, mente, cambio, progreso, verdad, mentira, ética, filosofía, metafísica y decenas y decenas de temas más, caos incluido, sin mencionar a aquellos hombres de personalidades tan dispares, llenos de contradicciones y dudas, muchas veces chocantes y cínicos en sus actos, pero de una capacidad de razonamiento que no se volvería a ver, y aquí hablamos del conjunto, hasta el inicio del siglo XX y el grupo de físicos y matemáticos que crearon, casi de la nada, las revoluciones relativista y cuántica.

Después de los griegos vienen los romanos, que aunque no demostraron el increíble nivel de creatividad de los griegos, fueron capaces de sistematizar las ideas helenísticas, relacionándose estrechamente con ellos, a veces, incluso, convirtiéndolos en esclavos más o menos privilegiados.

También hicieron aportes propios en el ámbito político, administrativo y jurídico. Sin llegar a las cumbres del pensamiento griego, los romanos tuvieron a Cicerón, Lucrecio, Séneca, Plutarco, Marco Aurelio, Galeno y otros sabios y legisladores.

Mientras tanto, siguen evolucionando las ideas chinas e hindúes, hacen su aparición el cristianismo y las demás religiones monoteístas, el budismo, la cultura bizantina y otras fuentes generadoras de ideas políticas, legales y alguno que otro aporte científico.

El Medioevo suele considerarse como una etapa obscura en el camino humano y un período de atraso con respecto a las luminosas épocas altas del saber grecoromano, pero de ninguna manera fue una etapa completamente árida.

Las discusiones filosóficas seguían mostrando, en ocasiones, un gran nivel intelectual, pero los temas se limitaban a la religión, la teología y diversos asuntos relacionados, como la fe, el libre albedrío y la constitución corporal de los ángeles.

La patrística y la escolástica tuvieron nombres relevantes: San Agustín de Hipona, Pedro Abelardo, Santo Tomás de Aquino y otros, pero la sustancia de la discusión perdió fuerza y amplitud.

Los árabes, Avicena, Averroes y los judíos como Maimónides hicieron aportes, pero casi siempre se inspiraron en los libros griegos para debatir.

En verdad que el "brainstorming" transcurrió con extrema lentitud y cierta grisura hasta el despertar humanístico y científico del Renacimiento europeo.

El arte, la ciencia y en menor grado la política sufren un drástico despertar en el denominado Renacimiento. Los viajes de descubrimiento de portugueses y españoles (Cristóbal Colón era genovés en realidad, aunque esto también ha sido puesto en duda) establecen definitivamente lo que ya se intuía desde hacía mucho tiempo: que la Tierra era redonda y no plana, lo que ayuda a liquidar el pensamiento medieval.

Copérnico, Bacon, Tycho Brahe, Galileo y Kepler abren la bóveda celeste al conocimiento humano y enuncian verdaderas leyes científicas.

Maquiavelo escribe lo que casi nadie se atrevía a decir en cuanto a la política y la conducción de un reino o estado.

El mundo no cambió en un día pero se establecieron las bases para que ese cambio fuera constante y sostenido, con altibajos, pero siempre manteniendo la tendencia ascendente. Todo el inmenso continente americano, Australia y partes de Asia y Africa se unen al mundo civilizado, o por lo menos al mundo conocido.

La Tierra se hizo un poco menos obscura y mucho más ancha y extensa.

Las grandes revoluciones politicosociales en las trece colonias americanas y en Francia, preámbulos ambas de la Revolución Industrial, terminan de introducir el mundo en la época moderna.

Napoleón Bonaparte y su código jurídico, los ferrocarriles, el comercio internacional, la vacunación antivariólica, las inmensas hilanderías, los barcos de vapor y las acerías son un buen ejemplo, sin olvidar los aspectos negativos como el trabajo infantil, el armamentismo desbocado y el colonialismo.

El siglo XX trae la consolidación definitiva de los Estados Unidos como un paradigma, con defectos, pero paradigma al fin y al cabo, de la democracia y la economía de mercado.

Trae también la revolución científica de la física, -relatividad general, especial y mecánica cuántica-, enormes avances en la prevención de enfermedades y el mejoramiento de la salud, acceso al agua potable, horarios de trabajo más razonables, antisepsia, antibióticos, anestesia, medicina intensiva, seguimiento de los embarazos, genética, biología molecular, trasplante de órganos, inicios de la comprensión de las células madre (stem cells) y un gran etc.

En el aspecto negativo hacen su aparición los "ismos": comunismo, estalinismo, nazismo, falangismo, fascismo, con su gigantesco costo en vidas humanas y las guerras más mortíferas que la humanidad ha padecido: Primera Guerra Mundial, la Guerra Civil Española, la Segunda Guerra Mundial, Corea, Viet Nam, artefactos tecnológicos como la bomba atómica, la de hidrógeno y la de neutrones, La Guerra Fría y las denominadas contiendas de baja intensidad.

Es obvio que el crecimiento exponencial de adelantos tecnológicos y conflictos militares y políticos en el siglo XX ha necesitado de reordenamientos legales complejísimos y al mismo tiempo de un crecimiento insospechado del conocimiento y por tanto de modelos, hipótesis, teorías y leyes en cantidades nunca antes imaginadas.

El aún joven siglo XXI ya ha sido pródigo en retos. Desde el terrorismo hasta las revoluciones populares árabes; las guerras de Irak y Afghanistan, el discutido pero evidente calentamiento global, la recesión económica más seria desde 1929 y los espectaculares fraudes financieros piramidales; la búsqueda urgente de alternativas al petróleo y otras fuentes de energía no renovables, máxime después de un desastre como el de Fukushima; la reaparición de la piratería marítima y las guerras del narcotráfico; el creciente aislamiento de la juventud (y los no tan jóvenes) volcada en las redes sociales y muchos otros problemas que nos recuerdan constantemente la inexistencia de un paraíso previsible.

Pongamos punto final a este capítulo con dos citas. Una muy seria, dictada por un hacedor de leyes, quizás el más brillante de todos, Albert Einstein:

"La creatividad nace de la angustia como el día de la noche obscura; es en la crisis que nacen la inventiva, los descubrimientos y las grandes estrategias".

La otra cita no sabemos quien la enunció, aunque tampoco importa mucho, y se le conoce con el nombre apócrifo de principio de Hanlon o cuchilla de Hanlon.

Dice más o menos así:

"Nunca le atribuya a la maldad humana lo que puede ser explicado por la estupidez humana".

Cuál de las dos más sabia y verdadera.

3

Inteligencia, cerebros, palabras y otras herramientas

¿Y cómo es posible, entonces, que algo inmaterial ejerza un poder efectivo sobre la realidad física?

René Descartes

Nunca te escucha nadie, hasta que te equivocas

Anónimo

Se supone que la palabra "inteligencia" la inventó el orador romano Cicerón, refiriéndose a la capacidad de pensar. En realidad Cicerón se estaba refiriendo a los políticos, cuya capacidad intelectual siempre ha sido motivo de enconados debates.

Definir la inteligencia es muy difícil. La etimología latina de la palabra viene de saber escoger, pero lo que complica la definición es la estrecha relación de la inteligencia con el pensamiento, la memoria, la creatividad, la capacidad de procesar información, la educación, la integridad del sistema nervioso central, la plasticidad cerebral y otros elementos.

No se puede hablar de inteligencia sin reparar en el cerebro, y lo primero que nos viene a la mente (ya estamos empleando la inteligencia) es que nosotros, los humanos, somos más inteligentes porque tenemos el cerebro más grande.

¿Pero esto es cierto en realidad?

Dos investigadores alemanes, Ursula Dicke y Gerhard Roth han revisado este asunto desde diferentes ángulos, y sus hallazgos son muy interesantes. Veamos.

El cerebro de la ballena de esperma pesa unos 9000 gramos, el del elefante africano unos 4200 y el humano promedio 1350. ¿Entonces la ballena y el elefante son más inteligentes que nosotros? Por supuesto que no.

La clave está en la relación entre el peso del cerebro y el peso total del cuerpo que le contiene alojado en la cavidad craneal.

Calculando así el cerebro humano pesa el 2% del volumen total mientras que el cerebro de la ballena pesa el 0.001%. Hasta aquí todo bien, pero... las musarañas y las ardillas tienen más de un 4%, y que sepamos, ni componen música ni se preguntan acerca de la inmortalidad.

Acudamos entonces al cociente de encefalización (EQ). Este es un parámetro que mide el tamaño esperado del cerebro para un miembro promedio de una especie. En este caso el humano gana: 7.6 contra 1, que es el gato (mamífero promedio), pero no hay acuerdo entre los investigadores pues otros ejemplares no cubren los parámetros de medidas y existe confusión en las conclusiones.

Estudiemos entonces la cantidad de neuronas.

El cerebro humano promedio tiene 11,500 millones de neuronas, más o menos, pero resulta que el elefante africano tiene 11,000 millones y el chimpancé 6,200 millones. ¿Cómo quedamos entonces?

Los dos investigadores concluyen que la inteligencia humana radica en el perfeccionamiento y conectividad de las redes neuronales, mayor número y más perfeccionadas interconexiones entre los axones, creadas por el uso constante, a lo que suele denominarse plasticidad cerebral. O sea, somos más inteligentes porque cada vez somos más inteligentes.

¿Será así hasta el infinito?

En el controvertido libro "La curva de Bell", que ha sido acusado repetidamente de racista, los investigadores Murray y Hernstein analizan la teoría de James Flynn, según la cual el cociente de inteligencia de las personas que viven en países desarrollados se va elevando progresivamente de año en año.

A ese hecho, suponiendo que sea cierto, se le denomina "efecto Flynn" y las formas de explicarlo no siempre concuerdan unas con otras.

Por muchos años, diferentes pensadores y escuelas científicas han atribuido la inteligencia humana a la naturaleza, -hoy hablaríamos de genética-, la crianza, la educación, el nivel económico, las relaciones sociales, los traumas (como factor negativo), etc.

En ocasiones, la discusión se ha salido de cauce, como cuando John Locke postuló la "tabula rasa", teoría en la que preconizaba que los humanos nacen como un papel en blanco, o Francis Galton, que fue el padre de la eugenesia, teoría que sería adoptada después con entusiasmo por el nazismo y otros "limpiadores étnicos".

Que quede claro que Galton era un hombre modesto y esencialmente una buena persona, lo que prueba el temible efecto que una idea expresada para hacer el bien e intentar explicar un fenómeno puede llegar a tener cuando se tuerce por malas manos o intereses bastardos.

Hoy creemos que existe una estructura genética sobre la que trabaja la educación, una nutrición adecuada, la forma de vida en sociedad, una buena (o mala) relación parental y cierto grado de imponderable.

El pensamiento es quizás más difícil de definir que la propia inteligencia.

Toda actividad mental es pensamiento y el pensamiento puede ser expresado o no. Cuando se expresa lo hace a través de acciones hacia el exterior; estas acciones están mediadas por el lenguaje, -oral y/o escrito-, actos físicos e incluso medios tecnológicos.

El pensamiento es algo sumamente complejo y ha permeado la filosofía desde que esta nació, y a su vez creó la propia filosofía, y la ciencia, y el arte, y la bondad y la maldad.

El pensamiento no es solamente unipersonal.

En 1972, Irving Janis denominó pensamiento de grupo (groupthink) a algo que ha existido desde siempre; el estar de acuerdo, dentro de un grupo de personas, con algo que uno hubiera rechazado si pensara por su cuenta.

Janis describió ocho síntomas o características del pensamiento grupal:

1- Ilusión de ser invulnerables dentro del grupo.

2- Creencia en una moralidad incuestionable del grupo.

3- Autocensura.

4- Ilusión de unanimidad.

5- Presión del grupo a los que osan oponerse.

6- Racionalización colectiva de las decisiones (que no es más que otra ilusión).

7- Estereotipo negativo de los oponentes.

8- Bloqueo de entrada de la información negativa.

La politóloga alemana Noelle-Neumann complementó el pensamiento de grupo con lo que ella llama "la espiral del silencio" que es la fuerte tendencia de un individuo en minoría a no expresar su opinión verdadera, es más, a dudar de su opinión verdadera a medida que se incrementa la presión.

La creatividad también es un rasgo fundamentalmente humano, y también, como todo lo demás, es producto del pensamiento.

El psicólogo maltés Edward de Bono publicó en 1967 un libro titulado "El uso del pensamiento lateral" en el que explica, según su punto de vista, que si bien es verdad que muchos problemas de la vida diaria se enfocan de acuerdo con la lógica racional, -hipotética y deductiva-, otros no pueden ser resueltos si no se emplean herramientas que no se ajustan a la lógica, y estas herramientas pertenecen a un tipo de pensamiento que él denomina divergente o lateral.

Aquí de Bono incluye elementos como la provocación, la divergencia, la alternativa, el desafío, la pausa creativa, la entrada aleatoria, el fraccionamiento, la tormenta de ideas, el acercamiento sucesivo y muchas otras formas no convencionales.

El pensamiento lateral busca lo que no está y crea lo que no existe.

Aquí le van algunas máximas de de Bono: "Si no decide el futuro según sus designios, alguien o algo lo decidirá por usted"; "puede que necesitemos resolver problemas sin suprimir la causa; tenemos que diseñar el método para seguir adelante incluso si la causa sigue existiendo"; "la percepción es real incluso cuando no es la realidad".

El pensamiento holístico, descrito por el mariscal de campo Jan Smuts en 1927, tiene mucho que ver con el pensamiento lateral, pues el holismo no es más que dedicarse a ver el todo sin entrar en el análisis de sus partes.

Puede ser una herramienta formidable si se utiliza adecuadamente. Napoleón se hacía una idea de todo el campo de batalla y del resultado final de la confrontación antes de que esta tuviera lugar, y generalmente el resultado le era favorable.

Pero Napoleón era un genio. A otros generales no les ha ido con la misma fortuna.

Heurística es una palabra con una raíz muy antigua; el famoso grito de ¡eureka! que se supone profirió Arquímedes al salir desnudo de la bañera parece ser su origen.

Una definición simple de heurística sería: es la capacidad de un sistema cualquiera para mejorarse a sí mismo. El mejor ejemplo lo constituye el propio ser humano, que por lo menos en teoría siempre está aprendiendo y tratando de ser mejor.

El adagio de que el hombre es el único animal que tropieza dos veces con la misma piedra es, por tanto, antiheurístico.

La heurística funciona cuando no existe una estructura de razonamiento predeterminada, o sea, cuando no contamos con un algoritmo bien definido.

El estudio de las ideas y los pensamientos está íntimamente relacionado con la lingüística.

Es casi imposible idear o imaginar sin el empleo de palabras, y las palabras pertenecen a una u otra lengua. La psicóloga Susan Goldin-Meadow, de la Universidad de Chicago, ha demostrado que independientemente del idioma que hable la persona, el cerebro funciona siguiendo un orden SOV, <sujeto-objeto-verbo>, lo que tendría mucha importancia en los cambios en la forma de pensar que traen los "nuevos idiomas" de signos, como los mensajes de texto.

Si contamos con un cerebro desarrollado y sano, inteligencia, pensamientos, ideas y un lenguaje bien estructurado:

¿Podemos conocer entonces la verdad de las cosas?

La definición de verdad ha sido uno de los temas más debatidos de la filosofía a través de la historia. Sin profundizar, podemos decir que hay verdades absolutas y verdades relativas. Dios existe; para millones de creyentes es una verdad absoluta, pero para muchos otros ni tan siquiera es una verdad.

Verdades relativas hay miles y miles pero verdades absolutas muy pocas.

La verdad también puede ser objetiva o subjetiva. Que un atardecer en particular es bello puede ser verdad para mí pero no necesariamente para usted o para una persona privada de la vista y por tanto es una verdad subjetiva.

Ser realistas es una manera de mantenernos cerca de algo que más o menos es verdad.

Por definición, los axiomas son verdades evidentes que no requieren demostración.

Eso puede funcionar bien para formulaciones matemáticas y teoremas que se utilizan como herramientas de trabajo práctico, pero en términos más profundos no siempre funcionan así.

El matemático Kurt Godel demostró que en cualquier axioma siempre hay, por lo menos, un elemento no demostrable. Que el tiempo transcurre es un axioma, pero Einstein demostró que no transcurre igual para todos los observadores.

El simple análisis de la verdad ya nos da una idea aproximada de lo que es un sistema no lineal que tiende a comportarse de forma caótica. Un mínimo cambio inicial nos lleva a situaciones inesperadas y a complejidades difíciles de resolver.

Recordemos, para terminar este capítulo, las famosas tres leyes de Arthur C. Clarke, enunciadas en la segunda edición (1973) de su libro "Perfiles del futuro":

1- Cuando un científico distinguido y ya anciano dice que algo es posible, probablemente está en lo correcto; cuando afirma que es imposible, probablemente está equivocado.

2- Cualquier tecnología lo suficientemente avanzada es indistinguible de la magia.

3- La única manera de descubrir los límites de lo posible es aventurarse hacia lo imposible.

4

La lógica. 2 + 2 = 5

La ficción se inaugura, pues, no cuando el primer humano miente, sino cuando los demás reconocen su mentira y prefieren ignorarla

Jorge Volpi

Servir café en un avión produce turbulencias

Anónimo

La denominada lógica formal es muy antigua.

Los chinos y los hindúes ya estudiaban los procesos del razonamiento lógico hace más de 3000 años, pero por razones culturales, religiosas y políticas, sus hallazgos y formas de pensar no se expandieron o no crearon escuelas perdurables.

El budismo, el taoísmo y el confucianismo tienen un sentido lógico intrínseco muy sutil y de difícil comprensión para la mente occidental y quizás por esta razón no han tenido ascendente sobre el pensamiento de occidente hasta épocas muy recientes.

Fueron los griegos, una vez más, los que estructuraron la lógica como ciencia y escribieron y debatieron extensamente sobre el tema.

La lógica informal, que es el razonamiento acerca del pensamiento cotidiano, las formas del habla y los procesos simples para deducir conclusiones, fue pensada casi en su totalidad por los griegos y sigue teniendo plena vigencia hoy.

Con el desarrollo de las matemáticas y el conocimiento científico en general que trajo el Renacimiento, la lógica evolucionó hacia la sofisticación y la complejidad que la han convertido en algo bastante abstruso y sumamente académico.

Nos limitaremos a contar algunas anécdotas de personajes relevantes o pintorescos que, como escalas en un viaje, ayudan a comprender esta historia.

El que nunca escribió nada

Sócrates fue, sin dudas, un hombre pintoresco, mordaz, irónico, de lengua afiladísima.

Encubría su gran inteligencia haciéndose el tonto y preguntando a la gente cosas que parecían sin sentido, pero que al final resultaban de un interés medular, -aunque al final tenían el efecto de hacer evidentes la estupidez e incultura de los otros, lo que le creó muchos y peligrosos enemigos-.

Su mujer, Xantipa, que también era muy buena en filosofía y lógica, lo maltrataba inmisericordemente en público y quizás también en privado (un caso evidente de violencia doméstica).

Creó el sistema del acercamiento sucesivo al corazón de un problema mediante preguntas cada vez más centradas, método que él mismo denominó "mayéutica".

Que se sepa, nunca escribió nada, pero fue el maestro de Platón, y por extensión, de Aristóteles, lo que le convierte en el padre de la filosofía y la lógica.

Fue condenado a muerte acusado de hacer daño a la juventud. En realidad hizo mucho daño a los intereses creados y a sus docenas de enemigos jurados.

Se le permitió, como deferencia a su magisterio, que él mismo se matara bebiendo cicuta.

Vivió entre el 470 y el 399 ANE. Dejó para la posteridad una corta frase que sigue teniendo hoy el mismo valor que el día que fue pronunciada:

"Solo sé que no sé nada".

Gran alumno, gran maestro

Su verdadero nombre era Aristón, pero debido a su corpulencia y estatura se hizo nombrar Platón (428-348 ANE), que significa ancho en griego.

Era muy bueno en la lucha olímpica y pudo haberse contentado con eso, pero fue entonces que le presentaron a Sócrates, el que descubrió sus habilidades retóricas y lógicas.

Vivió 80 años y murió durmiendo, un clásico ejemplo de mente sana en cuerpo sano.

Después de la muerte de Sócrates huyó de Atenas y se mantuvo viajando por 12 años. Conoció las islas griegas, las costas de Egipto y la actual Turquía y en ese tiempo entabló amistad con Euclides y con un grupo de seguidores de Pitágoras.

A los cuarenta años de edad regresa a la ciudad de Atenas y funda la Academia, una especie de universidad para los hijos de los atenienses privilegiados, pero que hoy se recuerda por el más brillante de sus alumnos: Aristóteles.

Platón nos dejó sus "Diálogos" en los que expone sus ideas sobre religión, política, arte, belleza, sociedad, lógica y multitud de otros temas.

Para él, un hombre completo solo necesitaba sabiduría, autocontrol y coraje, lo que denominó "carácter tripartito".

Aristóteles

En puridad, Aristóteles (384-322 ANE), es el fundador, entre otras cosas, de la lógica tal y como la conocemos hoy.

Alumno de Platón, le sobrepasó en poco tiempo, y este, irritado, le dijo que se fuera con su música a otra parte.

Aristóteles contestó, con gran dignidad, "que apreciaba mucho a Platón pero que más apreciaba la verdad".

Era un clasificador natural de las cosas. Creía en un orden social estricto y ordenado que incluía la esclavitud, aunque "amable". Sus aportes nos llevarían decenas de páginas.

Estudió en profundidad cosas tan dispares como la felicidad y el proceso de desarrollo de un pollo dentro del huevo.

Hizo disecciones anatómicas y marcó, para bien y para mal, la ciencia, sobre todo la medicina, por unos 1600 años.

Su teoría de los cuatro elementos, tomada y perfeccionada de Empédocles: fuego, aire, agua y tierra, aún se tomaba en cuenta a principios del siglo XIX.

Cuando le dijeron que los cuatro elementos no explicaban el cielo, inventó el éter.

En 342 ANE es llamado a Macedonia para convertirse en el preceptor de Alejandro, hijo de Filipo de Macedonia.

Fue pues el padre intelectual de Alejandro el Grande.

Nos dejó, entre otros libros, el Organón, primer libro de lógica descriptiva y sistemática que aún, comentado, puede leerse con provecho.

Fallece en Eubea el 322 ANE.

Una vieja cuchilla que aún corta

El fraile franciscano Guillermo de Occam vivió en la Inglaterra del siglo XIV (aproximadamente entre 1285 y 1349).

Aunque escribió sobre varios temas y se adhirió a la llamada filosofía nominalista, se le recuerda hoy día por la formulación de un principio al que suele llamársele "la cuchilla de Occam".

El principio se puede enunciar de diferentes formas pero en sustancia lo que dice es: "Cuando hay más de una explicación a un fenómeno cualquiera, la más sencilla o simple es siempre la mejor".

Sir William Hamilton, en 1852, fue el que lo trajo de vuelta a la ciencia moderna.

Se le ha llamado también ley de la parsimonia, y en broma, KISS (Keep it simple, stupid).

La historia y los usos del principio de Occam en la física, las matemáticas, la medicina, la diplomacia y, claro está, la lógica, darían para todo un libro.

Jean Buridan y su burro

El padre Buridan fue un discípulo no muy aventajado del fraile Occam.

Escribió y enseñó sobre el libre albedrío, que se supone tiene cada ser humano pensante, pero tropezó con algunos lógicos inteligentes y sardónicos que para fastidiarlo, idearon la paradoja del asno, que puesto a escoger entre un cubo de avena y uno de agua, y padeciendo por igual de hambre y sed, muere por no poder decidir cual tomar primero.

El padre Buridan no ha pasado a la historia por sus escritos sino por la inteligente paradoja que engendraron estos guasones.

Pienso, luego existo

Esta frase, que ha sido repetida hasta convertirse en un lugar común, fue expresada por el matemático y lógico francés René Descartes (1596-1650), considerado por muchos pensadores como el primer filósofo realmente moderno.

Sus contribuciones fueron fundamentales para el desarrollo de las ciencias en general y de la lógica en particular.

El "Discurso del método" y "Las meditaciones metafísicas", dos de sus libros más relevantes, son clásicos del pensamiento humano.

Los bromistas han jugado con el orden de las tres palabras de su ya mencionada frase: "Existo, aunque no piense", etc. y la conocida como "paradoja de Boixnet" que no tiene nada de jocosa:

"Pienso, luego existo, más cuando no pienso, ¿no existo?

La lógica se hace matemática... o al revés

Entre finales del siglo XVI y mediados del XIX, ocurre una verdadera revolución en las matemáticas y en la lógica, que se impregna cada vez más del rigor del cálculo.

Blaise Pascal (1623-1662) francés igual que Descartes, inventó la primera calculadora portátil, la Pascalina, para ayudar a su padre, -loco por el dinero-, pero también se acercó a la lógica mediante el cálculo de probabilidades.

El inglés Issacc Newton (1642-1727) no fue en rigor un lógico, sino un brillantísimo matemático y el físico más importante de la historia de las ciencias hasta el arribo de los gigantes de finales del XIX y principios del XX, pero con la formulación de sus leyes terminó de dar forma a la lógica científica.

Gottfried Leibniz (1646-1716), alemán, se adelantó a Newton en el descubrimiento del cálculo infinitesimal y se adentró mucho más en la lógica matemática.

Friedrich Hegel (1770-1831), también alemán, estableció la lógica dialéctica, que tiene mucho que ver con la explicación del caos.

El ruso Nicolás Lobachevsky (1792-1856) resuelve el enigma del quinto postulado de Euclides, funda la geometría no euclidiana y penetra en el estudio de la lógica de lo real.

Por último, George Lawlor Boole, matemático inglés nacido en 1815 y fallecido en 1864, sin haber cumplido los cincuenta años, creó el álgebra booleana, un pilar de la lógica matemática, del análisis de las probabilidades y de la futura cibernética.

Un cráter de la Luna, a la que solía mirar en busca de inspiración lleva hoy su nombre.

2 + 2 = 5

Bertrand Russell (1872-1970), un hombre que vivió casi cien años y que participó de una forma u otra en casi todos los eventos científicos y políticos de la primera mitad del siglo XX, fue, además de un activista social y un gran matemático, uno de los mejores exponentes de la lógica actual.

En una ocasión, uno de sus incontables alumnos quiso ponerlo a prueba, preguntándole si partiendo de un sofisma cualquiera podía demostrar que él era el Papa.

Caminó lentamente hasta la pizarra y dijo:

-Vamos a partir de que 2 + 2 es igual a 5; restamos 1 de cada uno de los elementos, lo que nos da que 2 es igual a 3; por simetría 3 es igual a 2; restando entonces 1 de cada lado queda que 2 es igual a 1; entonces el Papa y yo somos ambos, o sea, somos 1 y por tanto yo soy el Papa.

Cosas de la lógica y los lógicos.

Las paradojas de Chesterton

El escritor y ensayista inglés G.K. Chesterton (1874-1936) publicó más de 80 libros:

Novelas, ensayos, biografías, historia, periodismo, etc. pero es recordado hoy día por la serie de novelas detectivescas del Padre Brown y por sus decenas de adagios y paradojas, muchas de las cuales se citan sin reconocer su paternidad.

Se ha definido una paradoja como un contrasentido con sentido.

En realidad son frases inteligentes e ingeniosas que contienen un sofisma, o sea, una afirmación que parece verdad pero no lo es o algún tipo de observación "lógica" que contradice el sentido común.

Hay muchos tipos de paradojas, por ejemplo, las aporías: "¿Quién creó al creador del universo?

Y las antinomias: "Es de mala suerte ser supersticioso".

Pero volvamos a Chesterton.

Mencionemos algunos de sus adagios y paradojas:

"El pasado ya no es lo que fue".

"La verdad es sagrada y si usted dice la verdad muy a menudo nadie le creerá".

"La simplificación de cualquier cosa es siempre sensacional".

"El temperamento artístico es una enfermedad que hiere a los amateurs".

"Era un extranjero muy deseable, y a pesar de eso no lo deportaron".

La dinámica infernal

David Gerrold es el pseudónimo de Jerrold David Friedman, uno de los escritores de los guiones de la famosísima serie televisiva Star Trek.

Ha escrito, durante más de treinta años, libretos para TV y cine, además de novelas, cuentos y algunos ensayos en serio sobre la teoría de la ciencia ficción.

También ha escrito algo de lógica científica con un corrosivo humor.

Parodiando a Newton, uno de sus admirados gigantes de la ciencia, estableció las tres leyes de la dinámica infernal:

1- Un objeto en movimiento irá siempre en la dirección incorrecta.

2- Un objeto estático estará siempre en el lugar incorrecto.

3- La energía requerida para mover un objeto en la dirección correcta o ponerlo en el lugar correcto será siempre más que la que se desea emplear, pero no la suficiente como para posibilitar la tarea.

Decida usted si está de acuerdo.

La lógica actual

El desarrollo de la lógica, sobre todo el de la lógica matemática, imprescindible para la comprensión y formulación de nuevas teorías científicas que expliquen los enigmas del universo y de la vida, ha continuado durante todo el siglo XX y continúa actualmente.

Giuseppe Peano (1858-1932), David Hilbert (1862-1943), Friedrich Frege (1848-1925), Georg Cantor (1845-1918), Kurt Godel (1906-1978), Norbert Weiner (1894-1964), Alfred Tarski (1902-1983) y muchos otros que se mueven entre las ciencias físicas, las matemáticas avanzadas, la teoría de la información, los sistemas fractales, la cibernética, la lógica de segundo orden, etc. van creando un corpus de conocimiento cada vez más profundo y al mismo tiempo más cercano a la utilidad práctica.

La lógica ha dejado de ser una curiosidad lingüística y conversacional para convertirse en parte integral de las ciencias que explican y transforman el mundo.

5

¿Realidades o símbolos? Las matemáticas

En Estados Unidos, lo importante no es lo que cuesta un artículo, sino lo que usted se ahorra

Ley de Paule

No se puede saber la profundidad de un charco hasta que no se ha metido el pie en él

Anónimo

¿Son los números y las matemáticas parte de la realidad material o solamente están en nuestras cabezas y en nuestros cálculos escritos?

Esta es una vieja discusión que pertenece más al mundo de la filosofía y la academia que al interés práctico.

Lo indiscutible es que las matemáticas han ayudado al hombre a lidiar con el desorden, con el caos en todas las ramas de las ciencias, la técnica, la vida social y la organización comunitaria. No haremos una historia, que por demás estaría totalmente fuera de proporción en este reducido espacio.

Nos limitaremos a narrar algunos hitos y anécdotas relacionadas con la apasionante historia de las matemáticas.

¿Era el hueso de Ishango una calculadora?

Si en un viaje a Bruselas, Bélgica, usted visita el museo del Instituto Real de Ciencias Naturales, verá allí, en una vidriera, un palo relativamente pequeño que tiene una piedra filosa engastada en la punta.

En realidad no se trata de un pedazo de madera; es el hueso peroné de un mono babuino y lo más llamativo es que por un lado tiene 60 muescas y por el otro 48, pero agrupadas de tal forma que puede sugerir un ordenamiento de cifras múltiplos de doce.

Este hueso, con sus muescas, fue encontrado en 1960 por el arqueólogo belga Jean de Heinzelin, muy cerca del nacimiento del rio Nilo (Uganda) en la comarca de Ishango.

Hoy se acepta, por repetidas pruebas de datación, que tiene unos 20,000 años de antigüedad.

Se han formulado diversas teorías para explicar su función: un adorno, parte de un rito religioso, un calendario lunar, el control de las fechas de la menstruación de una mujer (¿parte de un método anticonceptivo?), el cuaderno de un alumno de aritmética, etc.

Pero la verdad es que nadie sabe qué utilidad podía tener aquel hueso y mucho menos quien lo talló.

¿Estaremos viendo la primera calculadora de la historia?

El libro de las mutaciones

Tanto en Asia como en Occidente muchas personas utilizan el I-Ching hoy en día. El autor de este libro lo emplea a menudo, y ciertamente con resultados satisfactorios.

Aunque el lenguaje en que está escrito el libro nos puede parecer bastante arcaico, si se consulta adecuadamente y se analizan sus respuestas con objetividad, los señalamientos que nos hace son perfectamente comprensibles y pueden ayudarnos a razonar y a enfocarnos mejor en los problemas que nos llevaron a él.

¿Casualidad? Quién sabe.

No es un libro de matemáticas pero su organización interna si encaja muy bien en un sistema binario geométrico.

Su principio filosófico se basa en la dialéctica del cambio constante de las situaciones de la vida diaria debido al enfrentamiento de dos o más fuerzas antagónicas, lo que miles de años después recogería y estructuraría con extrema coherencia Hegel.

Ha sido estudiado con curiosidad por numerosos filósofos y psicólogos. Jung escribió un prólogo erudito para la versión en alemán del libro, -traducido después a muchos otros idiomas-, y el argentino Jorge Luis Borges le dedicó un bellísimo poema.

¿Quién escribió el I-Ching?

Parece ser que pensadores y maestros taoístas comenzaron su recopilación hace unos 3500 años, o incluso antes. Durante la dinastía Zhou diferentes maestros le añadieron observaciones y comentarios, después la escuela confuciana lo hizo suyo y le dio su forma definitiva.

Es la obra de recopilación y aporte de muchas personas inteligentes y sus 64 hexagramas son la expresión de un proceso geométrico matemático puesto en función de la utilidad personal mediante preguntas hechas al libro que se supone debe reciprocar con respuestas acertadas, convenientes y bien intencionadas.

El concepto de llegar al orden a través del caos está implícito y explícito en todo el libro, aunque dejando en claro que el caos es la esencia de la materia de que está hecho todo y también de la vida.

El concepto de Shih, <difícil de explicar, pero más o menos como el período de preparación interior para comprender y enfrentar el caos>, no pertenece al I-Ching sino a un libro que guarda alguna relación histórica: "El arte de la guerra", atribuido al mítico general Sun Tzu, que también es leído y vuelto a repasar por militares, políticos y economistas actuales (aunque no siempre bien comprendido, claro).

El I-Ching, como simple lectura, resulta de interés y contiene enseñanzas prácticas para las buenas relaciones humanas, e incluso para superar las malas.

El señor de los triángulos

Se considera a Pitágoras el primer matemático a tiempo completo de la historia.

Nació en territorio griego alrededor del 580 ANE y muy joven se puso en contacto con la geometría y la aritmética egipcias, influenciado por sus maestros: Tales de Mileto y Anaximandro.

El conocidísimo Teorema de Pitágoras, que todos aprendimos en la escuela primaria, realmente no fue formulado por él (se desconoce su autor) pero él lo sistematizó y lo probó matemáticamente.

Describió los números enteros y le atribuyó propiedades místicas al número 10. Trabajó con los números primos, con los compuestos y con los irracionales.

Explicó las armonías musicales numéricamente.

Dijo que la Tierra era redonda pero no pudo encontrar una forma matemática útil de probarlo.

Al final de su larga vida fundó una comuna en la ciudad de Crotona (quizás fue un precursor de los hippies) y le entró la manía del secretismo, lo que provocó que una buena parte de su extensa obra se perdiera.

Dicen que se suicidó, -aunque no todos los historiadores comparten esta opinión- en el 500 ANE.

¿Quién era Euclides?

Euclides, padre de la geometría y geómetra por excelencia presenta un serio problema para nosotros; y es que no sabemos si fue un personaje de carne y hueso, si fueron dos o si fueron más.

La historia tradicional cuenta que Euclides nació en el territorio griego alrededor del 325 ANE, vivió casi toda su vida activa en Alejandría, Egipto, y murió hacia el 265 ANE.

Pero otras historias, también fundamentadas, nos cuentan que el verdadero Euclides nació en Megara cien años antes y un grupo de matemáticos alejandrinos tomaron su nombre para recopilar los libros que se le atribuyen.

Lo cierto es que hoy contamos con un libro, -Los elementos-, que está firmado por el tal Euclides y que sigue siendo un pilar de la geometría clásica, de las ciencias físicas, de la medición de longitudes y volúmenes y de muchas otras materias.

La nada y el cero

¿Quién inventó el cero? Los babilonios fueron los primeros que dejaron constancia escrita de un signo semejante al cero.

Para un babilonio 44 y 4004 se escribían, en sus tabletas de arcilla, de la misma forma; eso los llevó a introducir cuñas entre ambos 4 y esas cuñas eran el cero (o su equivalente).

Pasarían casi 3000 años para que los hindúes utilizaran el cero tal y como lo conocemos hoy.

De ellos lo tomaron los árabes (al-Jwarizmi) y a su vez de los árabes lo aprendió el italiano Fibonacci, alrededor del año 1200 DNE, quién lo llevó a la ciudad de Florencia, lo que casi le cuesta la vida, pues los gobernantes florentinos pensaron en alguna treta para dañar la economía de la urbe.

Pero al final se impuso y hoy, claro está, no podemos vivir sin él.

Al Jwarizmi

Desde muy niños nos familiarizamos con los términos guarismo y álgebra; los informáticos emplean comúnmente la palabra algoritmo.

¿De dónde vienen estas palabras tan comunes?

Pues vienen del nombre de un matemático persa de religión musulmana chiita nombrado Abu Abdallah Mohammad ibn Musa al Khwarizmi, cuyo largo nombre se occidentalizó como Al Juarismi.

Nació, -no se sabe con exactitud dónde-, alrededor del año 780 de NE.

Desde muy joven vivió en la ciudad de Bagdag y contó con la protección del califa Al-Mamun, hijo del casi mítico Harun al-Rashid.

Desarrolla el álgebra como una herramienta para resolver problemas de la vida diaria, discusiones por herencias, legados, particiones de bienes, mediciones de tierras y muchas otras cosas.

Fue el primer matemático que concibió un plan escrito y bien estructurado para desarrollar ecuaciones lineales cuadráticas, -aunque Diofanto y Euclides habían trabajado sobre estos temas muchos siglos antes-, y también colocó el 0 en el lugar de importancia cardinal que le correspondía.

Como casi todos los científicos de aquella época se dedicó a la astronomía, la geografía, la filosofía y otros asuntos de interés práctico o simplemente intelectual.

Murió alrededor del año 850 DNE.

El hijo del bien intencionado

Al comienzo del libro, y la película, el Código DaVinci se descifra un mensaje dejado por un hombre asesinado, y el mensaje no es más que una sucesión no ordenada de números de Fibonacci.

¿Y quién era Fibonacci?

Pues era un matemático pisano, nacido y muerto en la ciudad de Pisa entre 1170 y 1250.

Fibonacci, un individuo algo enigmático y misterioso, fue conocido también como Leonardo de Pisa, Leonardo Pisano, Leonardo Bigollo o Fibonacci (hijo del bien intencionado), nombre este último que le fue adjudicado después de su fallecimiento.

Su padre viajaba al norte de Africa, lo que permite a Leonardo ponerse en contacto con las matemáticas árabes y a su vez comprender que su ciudad debía evolucionar hacia formas más modernas de contabilidad.

Escribe dos libros importantísimos, el "Liber Abaci" y el "Liber Quadratorum" que contienen la descripción moderna del cero, la descomposición en factores, la divisibilidad, la notación posicional, los números cuadrados y otras muchas reglas de las matemáticas actuales.

Los dos libros de Fibonacci son sorprendentemente "modernos", al extremo de que aun pueden ser leídos con provecho.

¿Fue Fermat un bromista?

Pierre Fermat (1601-1665), contemporáneo de Pascal y francés igual que él, fue un abogado picapleitos, pero con una pasión, las matemáticas.

Tan buen matemático era que descubrió el principio fundamental de la geometría analítica al mismo tiempo que Descartes, al que no conocía.

Con Pascal si intercambiaba cartas de vez en cuando y se ayudaron mutuamente a crear la teoría del cálculo de probabilidades.

Pero lo que lo hizo mundialmente conocido fue su famoso "último teorema de Fermat" que retó la inteligencia de todos los matemáticos hasta que al fin se resolvió en 1995, 330 años después.

En el margen de un libro del matemático griego Diofanto, reeditado en 1621, Fermat escribió el planteamiento de un teorema, aparentemente sencillo, pero al que puso la apostilla de que era imposible de resolver, salvo... ¡que él lo había resuelto ya!

Se murió y no dijo dónde había escrito la solución, si es que en verdad la había encontrado.

Se llegó hasta a registrar su casa, sus papeles íntimos y sus legajos notariales.

Nada.

Su talento innegable para las matemáticas daba pie a pensar en que sí había dejado una solución al problema pero también muchos comenzaron a cavilar en la posibilidad de una tomadura de pelo más allá de la tumba.

No olvidemos que el hombre era abogado.

En 1995 el matemático Andrew Wiles encontró la solución, pero necesitó 98 páginas de cálculos, algunos de los cuales no se conocían en la época de Fermat.

¿Se estaría muriendo de risa Fermat en el otro mundo?

De cómo un reverendo mejoró las medicinas

La Food and Drug Administration (FDA) de los Estados Unidos exige, para expender una patente de uso a un medicamento, que este pase toda una batería de pruebas, entre ellas, análisis estadísticos de repetidos ensayos clínicos.

Pues bien, la teoría de estos análisis estadísticos fue desarrollada por un reverendo de la iglesia presbiteriana, Thomas Bayes (1702-1761).

Bayes sentía, al igual que Fermat, pasión por las matemáticas y sobre todo por las estadísticas.

Dándole vueltas a la posibilidad de determinar la probabilidad de que un hecho ocurra si ya conocemos los efectos que ha producido antes, Bayes estableció el teorema de la probabilidad inversa (Teorema de Bayes) que es el eje central de las denominadas estadísticas "bayesianas" modernas.

Ni el mismo pudo prever la importancia que su teorema cobraría en el futuro.

Cantor, un espíritu atormentado

El ruso-alemán Georg Cantor (1845-1918) probablemente fue uno de los más grandes matemáticos de todos los tiempos.

Transitó por caminos que nadie antes había osado pisar: creó las bases de la teoría de conjuntos, investigó por primera vez los conjuntos infinitos y sus diferentes tamaños y profundizó en diversos temas que siguen siendo fundamentales para la ciencia contemporánea.

Pero Cantor tenía un tendón de Aquiles:

Su propia mente.

Oscilaba entre una religiosidad acendrada y lacerante y gravísimas depresiones psicológicas, agravadas por las dudas existenciales que su propio trabajo le producían.

Para colmo, por envidia o falta de sensibilidad humana, algunos colegas le acusaban de blasfemo cuando Cantor analizaba, obsesivamente, la posibilidad matemática de que algo fuera verdadero y falso al mismo tiempo, su famosa hipótesis del continuo, que no pudo probar y que sigue en el mismo estado hoy en día, hipótesis que podía llevar a una explicación matemática de la existencia (o no) de Dios.

Esa obsesión no solo le quitaba el sueño y el apetito; le destrozó la vida.

Murió en un manicomio.

Hilbert, fabricante de problemas

"Nosotros debemos saberlo, nosotros lo sabremos".

Con estas palabras, una frase de profundo optimismo científico y humano, concluyó el prusiano David Hilbert (1862-1943) su discurso de jubilación de la cátedra de matemáticas de la Universidad de Koeninsberg.

Si alguien ha representado a las matemáticas puras en su persona y en su vida académica, ese es David Hilbert.

El consideraba que las matemáticas constituían un sistema de símbolos que podían no tener nada que ver con la realidad concreta, y por tanto, debían justificarse a sí mismas.

A esta forma de pensar se le denominó formalismo y el fue su máximo exponente.

La forma de considerar las llamadas invariantes (una función que no permite cambiar, modificarse, a un objeto o cosa es una invariante) constituyó uno de sus aportes teóricos más importantes.

Su larga y fructífera polémica, desde el punto de vista científico, con el checo Kurt Godel, resultó antológica en su época.

Hilbert sigue siendo una figura de actualidad y eso se lo debe a sus famosos 23 problemas, formulados en el año 1900, durante la celebración de un congreso científico en París.

Algunos han sido ya resueltos por estudiosos dotados de una enorme paciencia y perseverancia pero otros permanecen como un reto a las mentes matemáticas actuales.

Para exprimirse el cerebro

Dejemos constancia de que no solo Fermat y Hilbert han fastidiado a las generaciones subsiguientes con problemas matemáticos aparentemente insolubles.

Si usted desea romperse la cabeza a conciencia, con alevosía, busque soluciones a alguno de los siguientes problemas:

Las conjeturas de Hodge y la de Swinnerton-Dyer y Birch, las ecuaciones de Navier-Stokes, el menor número de Sierpinski, la hipótesis de Riemann, la existencia o no de los infinitos números primos de Mersenne, la conjetura abc, el problema de Collatz o 3n + 1, el número de cuadrados mágicos, P versus NP y un montón más.

Están a su disposición en internet si quiere probar suerte.

El futuro

Como en cualquier ciencia, el futuro de las matemáticas puede que nos tenga reservadas sorpresas, pero mirando con objetividad su estado actual, las matemáticas tienen dos amplios caminos por donde avanzar.

El primero es el de las ciencias informáticas y computacionales, donde existe una retroalimentación que puede llevar a terrenos insospechados.

El segundo camino es el de la matemática del caos, cuyas formulaciones iniciales ya tienen alrededor de un siglo pero han seguido desarrollándose con fuerza y cada vez más interés: Poincare, Borel, Bernstein, Koopman, Glivenko, Schnorr, Fine, Kolmogorov, etc.

El tiempo dirá.

6

Gente un poco rara. La física

En ocasiones el hombre tropieza con la verdad, pero casi siempre evita caerse y sigue adelante

Atribuida a Chesterton

No discutas nunca con un tonto; puede que la gente no aprecie la diferencia

Consejo de un amigo

=Plutarco narraba la siguiente historia:

Los atenienses conservaban con veneración una embarcación de remos que supuestamente había pertenecido a Teseo y sus jóvenes compañeros de aventuras. Pero como el tiempo era implacable, cada cierto tiempo eliminaban la vieja tablazón ya podrida y la reponían con maderos nuevos y de mejor calidad.

Este hecho llevaba a los filósofos griegos a discutir si en realidad estaban ante la nave original del arriesgado Teseo o si la que ellos podían ver ahora no tenía nada que ver con aquella.

Incluso uno de ellos planteó la inteligente y problemática pregunta de qué pasaría si se empleare el antiguo maderámen, ya eliminado, para construir una nueva nave.

¿Sería esta la embarcación original de Teseo, o no?

La paradoja de Teseo, -de su barco más bien-, nos da una idea bastante clara de cómo la discusión puramente teórica, la especulación, hizo nacer la Física.

Es más, el primer libro sobre la Física del que se tienen noticias: "Física" de Aristóteles, desarrolla un cuerpo teórico muy orgánico y lógico para explicar la paradoja antes citada y otras similares.

Aristóteles decía que había solamente cuatro causas que explicaban la identidad de cualquier cuerpo o cosa:

1- La forma del objeto o causa formal.

2- La materia que compone el objeto o causa material.

3- La causa eficiente, que es el creador (el que hace o fabrica) del objeto, que puede ser la naturaleza, los seres humanos o incluso los dioses.

La cuarta causa es la que Aristóteles denomina causa final o finalidad de uso del objeto, que incluye, entre otras muchísimas posibilidades, la veneración popular hacia un ícono histórico.

En realidad la Física nació mucho antes, pero los observadores caldeos, sumerios, egipcios, chinos e hindúes se habían dedicado solamente al estudio de la astronomía, que compartían casi siempre con la astrología adivinatoria.

Ptolomeo, con sus leyes astronómicas que colocaban la Tierra en el centro del universo, fue el maestro indiscutible del estudio del cielo físico por más de un milenio.

Sería prudente aclarar que aunque las leyes astronómicas que enunció Ptolomeo en su libro "Almagesto" estaban todas equivocadas, fueron formuladas con claridad, rigor y una gran lógica, si se tiene en cuenta que él solo disponía de sus ojos y de su intelecto para observar el cielo nocturno.

Los romanos desarrollaron la arquitectura, -los egipcios habían construido ya las grandes pirámides y la esfinge, al tiempo que los chinos edificaban ya los primeros sectores de la gran muralla-, pero pusieron más interés en los aspectos técnicos y mecánicos de la construcción que en la explicación física de los fenómenos.

Después vino la Edad Media, con su fragmentación social y su falta de interés por los fenómenos que no fueran espirituales. De hecho, mantener gracias a los copistas (y a los árabes) la formidable producción teórica de los griegos fue ya un logro considerable.

Y entonces advino el Renacimiento.

Y con el Renacimiento, el pisano Galileo Galilei (1564-1642), casi con toda seguridad el primer científico en el sentido que nosotros damos hoy a ese adjetivo.

Galileo no se conformaba con las explicaciones clásicas, iba mucho más lejos, las ponía en duda, las cuestionaba; fabricó instrumentos para hacer diferentes mediciones, hizo experimentos repetidos, escribió sus observaciones y las argumentó en libros claramente redactados, teniendo en cuenta, además, la opinión de otros para confirmarlas o rebatirlas; formuló hipótesis y las demostró, convirtiéndolas entonces en leyes científicas.

Y para hacer más evidente su compromiso con la ciencia, tuvo que enfrentarse a los poderes eclesiásticos, que lo trataron como serían tratados muchos científicos y pensadores en los famosos juicios estalinistas del siglo XX, con humillantes retractaciones y todo.

Terminó sus días en prisión domiciliaria, y salió bien porque había sido amigo del Papa en épocas más amables.

Su famosa frase "y sin embargo se mueve" parece ser apócrifa.

Unos ochenta años después de Galileo nació Newton, un hombre de carácter difícil, con evidentes problemas de personalidad y malas relaciones con su familia y sus colegas; una mala inteligencia emocional con un cociente de inteligencia científica deslumbrante.

Newton, nacido en Inglaterra en 1642, el año de la muerte de Galileo, fue el primer científico que estableció leyes de la naturaleza perfectamente formuladas, claras, objetivas y demostrables con elegancia matemática, para lo que tuvo que inventar, incluso, el cálculo diferencial e integral.

Sus tres leyes sobre la gravedad y el movimiento son pilares de la física clásica, y su libro, "Principia Mathematica", reeditado decenas de veces, sigue siendo un ejemplo de cómo debe ser presentada a la consideración del público especializado una publicación científica.

El poeta Alexander Pope escribió en 1730 un epitafio para la tumba de Newton. Dice así: "La naturaleza y las leyes de

la naturaleza descansan escondidas en la noche. Dios dijo,
¡que se haga Newton! Y todo fue luz".

Una de las características de la ciencia en general es que
cada descubrimiento incrementa exponencialmente la
posibilidad de entender y asimilar nueva información, al
tiempo que incorpora mecanismos más perfeccionados y
exigentes de observación y análisis de datos.

Los trabajos de Newton abrieron las puertas a decenas
de investigadores interesados en diferentes aspectos de
la física: la termodinámica, el sonido, la electricidad, el
magnetismo, el vapor y los gases en general, la estructura
de la materia y muchos otros aspectos y campos de
investigación.

En 1831 nace en Escocia James Clerk Maxwell, un genio
precoz.

A los 24 años de edad desarrolla cuatro ecuaciones
fundamentales que explican todas las posibilidades de
comportamiento de las ondas electromagnéticas, y que
además de unificar en una sola teoría la electricidad y
el magnetismo, desbroza el camino para aplicaciones
prácticas como la radio.

En 1895 Roentgen descubre casualmente los rayos
X, y Becquerel la radiactividad un año después. Estos
acontecimientos demuestran que la materia es mucho más
compleja de lo que la mecánica clásica hacía creer.

En menos de treinta años la física, y con ella la visión
del mundo material, sufren una verdadera revolución
conceptual de una magnitud gigantesca.

Un grupo relativamente pequeño de hombres y mujeres, de diferentes nacionalidades y muy disímiles creencias, temperamento, personalidad y habilidades, trabajando por amor al conocimiento puro, intercambiando información y confrontando criterios, exponen y desarrollan:

1- La teoría atómica moderna, demoliendo la idea de un átomo compacto e indestructible.

2- La teoría de la relatividad especial y un poco después la relatividad general, cambiando radicalmente las creencias sobre el espacio, el tiempo y reconsiderando bajo una nueva luz las leyes de Newton.

3- La teoría cuántica, que formula la dualidad de la materia como onda y como partícula al mismo tiempo, además de facilitar el estudio de los múltiples componentes subatómicos.

Hoy la física es más una ciencia de grupos y entidades, lo que no excluye genios como Feynman, Teller, Gamow, Oppenheimer o Hawking, pero los enormes costos de los aceleradores de partículas, -el de la CERN, en Suiza, tiene 27 kilómetros de circunferencia-, la necesidad de trabajar con matemáticos, cibernéticos, cosmólogos, ingenieros, estadísticos y otros expertos, la misma superespecialización, el secretismo gubernamental en algunos casos, el volumen y la velocidad de envejecimiento de la información y otras innumerables razones hacen de la física la rama de la ciencia donde son más conocidos los centros universitarios y de investigación que nombres de personas en particular, salvo entre ellos mismos, claro está.

En 1920 se decía que solamente cuatro o cinco personas comprendían cabalmente la teoría de la relatividad de

Einstein, hoy, cualquier estudiante avanzado de física la maneja a la perfección, y probablemente hasta se atreva a discutirla.

En 1918, al recibir el Premio Nobel de Física, Max Planck dijo:

"Una nueva verdad científica no triunfa porque haya convencido a sus oponentes y les haya hecho ver la luz, sino más bien porque sus oponentes mueren finalmente, y una nueva generación crece más familiarizada con ella".

Postdata. Octubre de 1927

Ernest Solvay (1838-1922) fue un inventor y un químico autodidacto que supo elevarse por encima de sus limitaciones docentes para convertirse en uno de los hombres más ricos de Bélgica y propietario de diversas fábricas de productos quimicoindustriales, -sobre todo sosa cáustica-, y patentes por todo el mundo.

El método Solvay de obtención de carbonato sódico continúa empleándose hoy en día en decenas de países, más de ciento cincuenta años después de patentado.

Pero la razón de esta nota no es la habilidad técnica y comercial de Solvay, sino la importancia que dio al mecenazgo educacional en su país y en otros lugares de Europa.

Persona bien informada, financió, en 1911, una reunión de físicos y químicos de importancia mundial a celebrarse en Bruselas, donde se trataría sobre la radiación y la nueva teoría de los cuantos, temas que estaban revolucionando las ciencias físicas.

El propio Solvay dio la bienvenida a los distinguidos científicos que viajaron hasta la capital belga, y entregó la presidencia de la reunión a Hendrik Lorentz.

Entre los 24 conferenciantes y congresistas que asistieron, un joven alemán de 32 años de edad despertó muchísimo interés; su nombre: Albert Einstein.

El éxito del evento, que permitió poner al día temas científicos de tanta importancia y facilitó el intercambio y la relación personal de figuras clave de la física, -no había internet, teléfonos celulares, video conferencias ni aeronáutica-, llevó a Solvay a proponer su repetición para tres años después y a colocar un fondo en fideicomiso para que se siguieran llevando a cabo indefinidamente.

Los temas a tratar en cada conferencia Solvay, que así se conocerían en el futuro, serían propuestos por los propios participantes.

La última conferencia Solvay se celebró en el año 2005.

Pero fijémonos en una en especial, la que se llevó a cabo en 1927, que fue la quinta reunión, cuyo tema central serían los electrones y los fotones, pero que derivó, debido a la presencia de las diez figuras de más rango internacional dentro de la física cuántica y a otras diecinueve estrellas de las ciencias físicas, en el repaso más impresionante de esta teoría jamás realizado y en el acontecimiento científico con más logros per cápita (17 Premios Nobel y centenares de otros premios, doctorados honoris causa, etc.) por participante en la historia.

Una especie de "dream team" que no se volvería a reunir al completo nunca más.

La estructura básica de la teoría cuántica, tal y como la conocemos hoy, surgió de esta reunión.

Entre los veintinueve participantes se encontraban Max Planck, primer formulador de la idea de la distribución cuántica de la energía, Maria Curie, con sus dos Premios Nobel a cuestas, un Albert Einstein ya encumbrado y famoso, Werner Heisenberg, que hacía muy poco había terminado de formular su principio de incertidumbre y Niels Bohr, el nórdico entusiasta que ya había abogado por reuniones como esta en Copenhagen.

La foto de los 29 participantes juntos, tomada al final de la conferencia, es considerada como la fotografía que reúne más cociente intelectual, -ninguno es excepción-, en la historia de la gráfica.

Mientras comentaban el principio de incertidumbre de Heisenberg, Einstein dijo su famosa frase -"Dios no juega a los dados", pero pocos saben que Niels Bohr se viró hacia él y le ripostó:

-"Albert, deja de decirle a Dios lo que debe hacer con sus dados".

7

De cibernética, computadoras y algunos otros lugares comunes

Si lo entiendes, ya es obsoleto

Informático anónimo

Hable con autoridad, pero solo de cuestiones obvias

Un buen consejero

La historia de la denominada cibernética, la computación, la informática y sus frutos más recientes como la internet, las páginas web, las enciclopedias en línea, los motores de búsqueda, las redes sociales, los comercios y subastas online, sectores de la telefonía celular, los juegos de video de última generación, las video conferencias, etc. ha sido extensa y detalladamente contada en decenas de libros y miles de entradas informativas.

Por tanto, solamente queremos detenernos, sin ser para nada prolijos, en algunos aspectos, muy pocos, de este camino que no sabemos a dónde ha de llevarnos... ni a qué velocidad.

¿Qué es un algoritmo?

Es un concepto sencillo en su esencia, y básico para entender la forma en que trabajan todos los sistemas computacionales.

Por definición un algoritmo es una lista ordenada, clara y con un fin bien determinado, de operaciones, generalmente matemáticas, que permite dar solución a un problema cualquiera.

Cuando mi esposa me da una lista escrita, con detalles de marcas y ubicación en los estantes, de productos y comidas que debo comprar en el supermercado, está construyendo un algoritmo.

Cuando los científicos de Los Alamos determinan la fuerza, la capacidad destructiva, los efectos colaterales, la radiación emitida y otros miles de detalles acerca de una explosión atómica simulada, están empleando un algoritmo que a su vez puede descomponerse en decenas y decenas de algoritmos más sencillos.

En realidad existe una diferencia sutil (para los matemáticos e informáticos es obvia) entre algoritmo y programa.

El algoritmo debe tener una entrada, un procesamiento interno muy bien definido y una salida o solución. El programa es la forma concreta en que se ejecuta.

Un algoritmo no sirve como herramienta de trabajo hasta que es llevado a un programa eficaz y adecuado.

El matemático Knuth estableció cinco características o reglas a cumplir que debe tener todo algoritmo:

1- Entrada al sistema.

2- Precisión.

3- Eficacia.

4- Carácter finito (debe tener un final independientemente de cuan largo sea).

5- Salida del sistema.

Estas reglas no siempre se cumplen absolutamente en todos los algoritmos útiles, -aunque sí en la gran mayoría-, pero son una buena base para comprender su funcionamiento.

La prueba de Turing

En uno de sus medulares artículos para la revista Mind (1950), el inglés Alan Turing planteó lo que se conoce desde entonces como el test de Turing.

Una persona imparcial, -el llamado juez-, se enfrenta a dos pantallas de ordenador, una controlada por la memoria interna de la máquina y la otra por un ser humano.

El juez debe hacer una batería de preguntas y acertijos que serán respondidos por ambas pantallas. La certeza de las respuestas o incluso las mentiras que se pueden decir son irrelevantes; lo importante es que el juez no pueda determinar cuál es la pantalla dirigida por la persona y cuál la dirigida por el ordenador.

En 1990 se estableció un premio de cien mil dólares (Premio Loebner) para el cibernético que creara un programa que pudiera pasar satisfactoriamente este test, pero nadie lo ha ganado aún al día de hoy.

Turing partía de la base de que si una máquina se comporta como inteligente, entonces debía ser inteligente, planteamiento que ha sido debatido hasta la saciedad, tanto a favor como en contra.

La aparentemente sencilla prueba de Turing continúa siendo uno de los retos a vencer por los defensores de la inteligencia artificial, y eventualmente será superado algún día, como ya ocurrió ficticiamente en la película "2001, una odisea del espacio".

La sobrecogedora ley de Moore

La revista Electronics, que vio la luz el 19 de abril de 1965, traía, entre otros, un artículo escrito por un joven ingeniero electrónico llamado Gordon Moore, en el que se hacía la observación, bastante arriesgada para la época, de que los circuitos integrados dentro de un transistor se duplicarían cada año y medio (18 meses) y su precio bajaría, más o menos, de una manera equivalente.

Con el paso del tiempo, -muy corto tiempo-, se vio que Moore había acertado plenamente y su observación pasó a ser conocida como la "Ley de Moore".

En 1975, Moore, que ya había sido uno de los fundadores de la empresa Intel y había ganado para ese entonces varios millones de dólares, modificó su ley, llevando el tiempo a 24 meses y asegurando que en algún momento, que él fijó entre 10 y 15 años vista, dejaría de cumplirse por la aparición de alguna nueva tecnología.

En esto, hasta hoy, Moore se equivocó, pues su ley ha seguido cumpliéndose.

La producción anual de transistores es de alrededor de 10 elevado a la 20 potencia (un 10 con 20 ceros detrás) lo que hace que haya más transistores que granos de arroz en el planeta.

¿Hasta dónde y hasta cuando se cumplirá la ley de Moore? No lo sabemos, pero lo que sí sabemos es que su predicción (entiéndase, los transistores) ha cambiado el mundo en algo más de 40 años.

¿Y qué es entonces la cibernética?

Esta es una palabra que tiende a originar confusión entre los que no son especialistas.

Cibernética viene del griego "kybernetes" que significa timonel o capitán de un navío.

Después Platón la empleó en el sentido de gobernante o guía de hombres, y ya en el siglo XX (alrededor de 1948), Norbert Wiener la tradujo como cibernética y la aplicó a las ciencias de la información que tratan con sistemas no triviales, o sea, sistemas muy complejos como la economía, los seres humanos, la guerra, etc. para controlarlos y llevarlos de alguna manera a buen término.

La cibernética es una ciencia multidisciplinaria que incluye aspectos de la computación pero es más extensa y compleja que ella.

Además, la cibernética necesita de la información y se basa en la retroalimentación.

¿Qué es la retroalimentación? Es un efecto que vuelve a influir sobre la causa, modificándola positiva o negativamente.

La robótica, al igual que la computación, tiene que ver con la cibernética pero esta última las incluye y las rebasa.

La cibernética interactúa con la informática, la lingüística, la teoría de sistemas, las ingenierías, la semiótica, la inteligencia artificial, la teoría de juegos, las ciencias biológicas y sociales, las matemáticas y muchas otras ramas de las ciencias.

Desde los años 70 del siglo XX se habla de una cibernética de segundo orden que incluye el estudio del propio observador y de sistemas ya creados, como la sociedad o la genética.

Si los rusos atacan, protejamos las comunicaciones. Internet

La internet, que hoy comunica en tiempo real a casi el mundo entero, surgió de las ideas, el esfuerzo y el entusiasmo de muchos investigadores.

Al igual que la bomba atómica, su invento no se puede atribuir a una persona en particular.

Aunque el concepto ya estaba en la mente de diversos investigadores informáticos, -Licklider la había descrito teóricamente en 1960-, es posible que la denominada crisis de los missiles en Cuba, en octubre de 1962, haya acelerado el interés del Pentágono norteamericano por crear un sistema que le permitiera mantener sus redes de información bajo la situación de un ataque nuclear.

Al efecto, el alto mando norteamericano creó un grupo semiinformal, e inicialmente bastante secreto, para trabajar en estos asuntos y lo denominó DARPA.

Como los científicos necesitan retroalimentarse, los generales permitieron que se conectaran algunas computadoras con los centros informáticos de varias universidades, sobre todo en California y Massachusetts.

De este proceso nació, entre 1969 y 1972, ARPANET, que sería el núcleo del que crecería posteriormente internet.

Después, como un proceso siempre creciente, se fueron añadiendo las tecnologías de banda ancha, fibra de vidrio, servidores, protocolos programáticos, etc.

Casi con toda seguridad puede afirmarse que internet ha sido, y es, el cometido tecnológico que más personas ha involucrado en toda la historia de las ciencias.

Tim Berners-Lee

Usted está leyendo en internet un artículo sobre la teoría de la Relatividad, y por supuesto que el nombre de Einstein va a aparecer varias veces, pero de pronto se pregunta en qué año murió; no tiene más que hacer click sobre el nombre para que aparezca otro artículo biográfico con todas las fechas que desea saber; vuelve a hacer click, regresa al artículo original y continúa leyendo.

A esos artículos que usted puede consultar por millares se le llaman hipertextos, y no siempre han funcionado así de fácil.

Desde el final de la Segunda Guerra Mundial algunos científicos se preguntaban cómo podrían manejar de una manera eficaz la enorme cantidad de información que les estaba llegando, casi siempre de manera fragmentaria.

Vannevar Bush, Ted Nelson, Douglas Engelbart, los equipos de IBM y Machintosh y otros habían ya trabajado sobre el tema y logrado algunos resultados, pero limitados a ciertas redes o instituciones.

Es entonces que uno de esos jóvenes apasionados por la computación, Tim Berners-Lee, nacido en Londres en 1955, se enfrenta al asunto mientras trabaja como físico en los laboratorios de la CERN, y ve lo que nadie había visto claramente; que si un programa bien desarrollado de manejo de hipertextos se añadía a la casi naciente internet, esta última se convertiría en un arma informática de primera línea.

Explicó la idea a sus jefes, por primera vez, en marzo de 1989, y como es habitual en estas historias de éxito final, no le hicieron caso.

Mejoró aún más el concepto, construyó un navegador viable y un servidor con más prestaciones y volvió a la carga, esta vez con la ayuda de su compañero de labores Robert Cailliau.

El 6 de agosto de 1991 entró en el sistema lo que él denominó World Wide Web, y que muy pronto sería conocido como www.

¿Le suena?

Motores de búsqueda y cerebro

Como señalamos en un capítulo anterior, el cerebro humano es plástico, bastante más plástico y maleable de lo que suponíamos hace veinte o treinta años.

Lo sabemos por innumerables estudios psicológicos, por métodos de observación más acuciosos y sobre todo por los recientes avances en neuroimaginología (técnicas muy sofisticadas de resonancia magnética funcional y magnetoencefalografía).

La comprensión de los cambios, incluso en el tamaño de ciertas regiones del cerebro, producidos por el trabajo intelectual (o manual) repetitivo y las nuevas tecnologías de la información, actuando a través de la plasticidad cerebral, ha llevado a la descripción de diferentes manifestaciones en el comportamiento humano y en las habilidades tradicionalmente relacionadas con la memoria, el aprendizaje, el lenguaje, la capacidad de concentración, la interacción social, etc.

El tema es complejo y su estudio está en plena evolución, pero preliminarmente puede decirse, por ejemplo, que la memoria, sobre todo de los más jóvenes, está sufriendo cambios que pueden ser dramáticos a relativamente corto plazo.

Un ejemplo es el llamado por los neurólogos, "efecto Google", en el que la memoria comienza a incorporar este, -u otro cualquiera-, motor de búsqueda, como una extensión o apéndice de sí misma, desplazándose entonces de una memoria cerebral de hechos y conocimientos a una memoria de ubicación de lugares para "buscar".

Es obvio que si por alguna razón no se pueden consultar los motores de búsqueda, la capacidad de retención de recuerdos útiles queda seriamente afectada.

Piénsese, para emplear un ejemplo sencillo, en como los "teléfonos inteligentes", al contener ellos mismos la información referida a nuestros contactos habituales, ha eliminado de nuestra conciencia, literalmente, el recuerdo de los números telefónicos.

Otro aspecto señalado por los psicólogos es el decrecimiento del esfuerzo mental necesario para establecer correlaciones, ya que los hipertextos asumen esta tarea en la vida diaria.

Los mensajes de texto también están modificando la lingüística, lo que en sí mismo no es un gran problema, -salvo para los puristas-, pero sí afecta la relación social y la interpersonal.

En poco tiempo veremos un incremento geométrico en estos estudios y casi seguramente también en los cambios de la funcionalidad cerebral, que algunos serán indeseables y otros positivos.

Sea como sea, es necesario entenderlos y aprender a lidiar con ellos.

Los informáticos pueden reírse... de sí mismos

En otro capítulo comentaremos con algo más de extensión el fondo de verdad que contienen las denominadas leyes de Murphy y sus centenares de derivados, pero aquí solamente señalaremos algunas que tratan específicamente sobre la computación y la informática, con la característica de que casi todas, o todas, han sido formuladas por personas estrechamente relacionadas con estas tecnologías.

- Errar es humano, pero para enredar las cosas se requiere una computadora.

- Si usted tiene resfriado se lo contagiará a su computadora.

- Cualquier programa dado, al ejecutarlo se vuelve obsoleto.

- Si un programa es útil, por algún motivo deberá cambiarlo.

- La maldición es el lenguaje que mejor conocen todos los programadores.

- Las máquinas deben funcionar y las personas pensar.

- Todo programa se expande hasta utilizar toda la memoria disponible.

- Si parece sencillo es complicado, si parece complicado es imposible.

- El mejor método para limpiar de polvo una habitación es encender un monitor dentro.

- La impresora nunca funciona al primer intento.

- El papel se trabará en la impresora inmediatamente después de habernos alejado de ella.

- La naturaleza siempre se pone de parte del fallo escondido.

- Los errores de un software son imposibles de detectar por nadie, a excepción del usuario.

- Los fallos del software se pueden corregir solo cuando la industria considera que ha quedado obsoleto.

- De todas las cosas que puedes hacer con un ordenador, las más inútiles son las más divertidas.

- Diseñe un sistema que hasta un tonto pueda utilizar, y solamente un tonto lo querrá emplear.

- Un programa de ordenador hace lo que usted le ordena que haga, no lo que usted quiere que haga.

- Los usuarios no saben exactamente lo que quieren, pero saben con certeza lo que no quieren.

- Cada solución genera nuevos problemas.

8

De nuevo la inteligencia...
artificial

No somos más que nuestro cerebro

Francis Crick

Cada reparación crea nuevas averías

Mecánico anónimo

Muchas personas piensan que la inteligencia artificial y la informática, -el ordenador que emplean todos los días en la oficina y el hogar-, son la misma cosa. No es así; aunque la computación y la inteligencia artificial (IA) tienen muchos puntos de contacto y muchas deudas mutuas, son en realidad dos ramas diferentes de la ciencia.

La historia de la IA podemos remontarla a un huésped frecuente de este libro; el señor Aristóteles, que postuló reglas, necesarias según él, para el funcionamiento de la mente humana, pero que se avienen mejor con formas artificiales del pensamiento.

Pero adelantémonos unos cuantos siglos.

El primero que trabaja seriamente en la inteligencia artificial, ya en el siglo XX, es un viejo conocido nuestro: Alan Turing, que crea el test de validación de máquinas y sistemas (test de Turing) del que ya hemos hablado.

En 1943, en una investigación pionera, Walter Pitts y Warren McCulloch, dos neurólogos, intentan desarrollar un sistema de redes "neuronales" artificiales, que aunque no llega a resultados de importancia práctica inmediata, demuestra que era perfectamente posible entender el funcionamiento de los nervios reales de los mamíferos aplicando las leyes de la lógica matemática.

Marvin Minsky se gradúa, a los veintitrés años de edad (1950), en la Universidad de Princeton, y en menos de un año se erige como una de las figuras claves de la IA, al poner a punto un simulador de redes neuronales que él denominó SNARC.

Minsky, un hombre con una sólida formación en matemáticas y computación, publica varios libros entre 1967 y 1992 (entre ellos "Inteligencia Artificial" en 1972, "Robótica" en 1986 y "La opción de Turing" en 1992) que actualizan y ayudan a desarrollar la IA pero al mismo tiempo elevan tan alto el listón que de cierta manera paralizan a muchos investigadores.

Las conocidas películas "2001, una odisea del espacio" y "Jurassic Park" tuvieron a Marvin Minsky como asesor de los guiones y de la cinematografía.

De aquí en adelante la IA se basa fundamentalmente en programas.

El IPL-11 y el Logic Theorist de Simon, Newell y Shaw, que empleando una computadora bastante rudimentaria demostraban teoremas matemáticos como si fuera un profesor de la materia; el LISP de McCarthy; el SadSam de Lindsay, las redes semánticas de Quillian; los denominados sistemas expertos como MYCIN, PUFF, CASNET, OPSS, etc. destinados principalmente a prestar apoyo al diagnóstico médico, y muchos otros.

Un caso particularmente inquietante fue el del ordenador ELIZA, diseñado por Joshep Weizenbaum, del Instituto Tecnológico de Massachusetts, en el año 1966.

Se trataba de un programa que respondía más o menos lógicamente a una persona que se suponía tendría problemas de índole personal y familiar.

Por ejemplo, el "paciente" le dice a la máquina:

-"Tengo una situación difícil con mi jefe", y la máquina contesta: -"Explícame con detalles".

Pues bien, para asombro de Weizenbaum, muchos voluntarios normales comenzaron a establecer nexos de empatía con la máquina, al extremo de que sabiendo que ELIZA no pensaba realmente, lo que nunca se les ocultó, seguían consultando y consultando.

Sin proponérselo su creador, ELIZA pasaba la prueba de Turing constantemente, no porque fuera muy "inteligente" sino porque las personas establecían una verdadera dependencia psicológica con el programa.

El experimento ELIZA resultó ser muy aleccionador, no tanto para los matemáticos como para los psicólogos.

A diferencia de la informática y la computación, la inteligencia artificial es una ciencia que no ha acabado de despegar rotundamente. Las razones son diversas pero entre ellas se cuentan ciertos retos y trampas que la propia IA se ha impuesto a sí misma.

Veamos.

1- La denominada trampa antropomorfa. Es inevitable que asociemos una máquina "inteligente" con la semejanza al ser humano. Minsky y Shannon fabricaron "ratas inteligentes", pero lo obvio para todo el mundo sería hacer máquinas "humanizadas".

2- Aprendizaje. Los sistemas inteligentes deben cumplir diferentes funciones: sistematización, objetividad, conceptualización, memoria, etc. Pero la más difícil de lograr y probablemente la más cercana a la inteligencia humana es el aprendizaje, y sin la menor duda, este ha sido uno de los escollos de la IA.

3- Robótica. La robótica, con una historia mucho más larga y fecunda que la IA (el caballero mecánico de Leonardo DaVinci, el R.U.R. del checo Karel Capek, etc.) adolece de la trampa antropomórfica. Todos están de acuerdo que los robots deben aliviar el trabajo del ser humano, como hace, por ejemplo, el brazo mecánico de los trasbordadores espaciales, pero pocos resisten la tentación de que parezcan humanoides. En 1970, el ingeniero japonés Masahiro Mori formuló la "teoría del valle inquietante", que en esencia dice que los humanos aceptarían un robot muy parecido a ellos durante un tiempo y entonces la empatía se convierte rápidamente en repulsión (un valle o caída en la curva de aceptación estadística). El guionista de la cinta "Blade Runner" juega un poco con esta teoría.

4- Las redes neuronales artificiales probablemente sea la especialización en la que la IA más ha avanzado. En los años sesenta Lawrence Fogel ideó lo que él entendió como una forma de selección natural computacional y que ahora se llama computación evolutiva. El concepto es complejo y trabaja sobre algoritmos interconectados (algoritmos evolutivos) que están muy relacionados con la teoría de juegos que veremos más adelante.

5- Los autómatas celulares. La historia de esta idea no ha trascendido ampliamente al público. Mentes brillantes como John von Newmann, John Horton Comway y Stephen Wolfram dedicaron en su momento grandes esfuerzos a tratar de lograr células informáticas que pudieran autoreplicarse, o sea, que reprodujeran la capacidad que tiene el ADN para fabricar nuevo ADN. En ciertas épocas las expectativas fueron enormes pero en la práctica no se ha logrado nunca nada de verdadera utilidad.

Chris Welty, el joven creador de Watson, la supercomputadora fabricada por IBM que participó, y ganó, en el programa de la televisión norteamericana ¡Jeopardy! (se embolsilló $ 77,147) expresó en una entrevista que las computadoras dotadas con IA se comportan mejor que las personas, porque se le pueden aplicar reglas... y las respetan.

¿Será cierto?

ALGUNAS TEORÍAS RELACIONADAS

9

La nada y el todo son... información

El error de un hombre es el dato de otro
Estadístico anónimo (y cínico)

Es imposible enseñar algo a alguien que cree saberlo ya
Albert Einstein

Piense en algo que nuestros sentidos sientan: el olor de un café recién hecho y humeante en la mañana o el de un cadáver en descomposición.

Estas dos sensaciones son, además de agradables o desagradables, -lo que es una apreciación orgánica e intelectual-, pura y simplemente información que llega y es procesada por nuestros cerebros.

Agradable y desagradable son también etiquetas de información.

Todo, repetimos, todo, es portador de información y la información puede crearse, almacenarse y distribuirse mejor mediante la palabra (el lenguaje) hablada y escrita, u otras formas conocidas más recientes, -relativamente-, de transmisión, como las ondas hertzianas, los códigos de barra, la criptografía, el ADN, etc.

Este, de hecho casi todo, es el campo de estudio de una ciencia que apenas cuenta con ochenta años de vida; la teoría de la información.

Conozcamos, como de pasada, algunos de sus personajes y elementos constitutivos.

Bit

Los ordenadores funcionan mediante un sistema muy simple, conocido desde hace tiempo, al que se denomina binario: un 0 y un 1.

Con una sucesión de ceros y unos se escriben todos los lenguajes de computación, software, y se manipula y utiliza toda la información que ellos procesan.

A un 0 o un 1 se le llama un binary digit, o sea, un dígito binario, y el acrónimo de binary digit es bit.

Resulta entonces que el bit es la mínima unidad de información que se utiliza en cualquier equipo de procesamiento digitálico, computación, informática y, por supuesto, en la teoría de la información.

El profesor Shannon

Claude Shannon nació en Michigan en 1916.

Era un genio y se adaptaba bastante bien al estereotipo cinematográfico del genio; un tipo bastante raro y con un humor macabro, inconstante en lo que debía hacer por obligación, incluyendo la comida y el arreglo personal, pero increíblemente trabajador y perseverante en cualquier asunto que atrapara su interés.

A los veinte años de edad termina, con brillantes calificaciones, matemáticas e ingeniería en la Universidad de Michigan y cuatro años después el profesorado en el MIT.

En 1941 comienza a laborar en los laboratorios Bell, uno de los centros de producción científica y desarrollo tecnológico más importantes del mundo en aquellas fechas (probablemente ha dado más premios Nobel, -once-, per cápita que cualquier otra institución privada).

En 1948 publica "The mathematical theory of communication", un aporte fundamental a la naciente teoría de la información.

En esta obra describe el significado de bit (se dice que John Tukey lo describió simultáneamente), define la imprevisibilidad como verdadera información y establece el número de bits que puede transmitir un canal cualquiera:

"La información solo puede ser transmitida por un canal cualquiera si la fuente no excede la capacidad de transmisión del canal que la conduce".

Afirmación que cada año resulta más importante en tecnologías que él casi ni llegó a conocer o simplemente no conoció.

Fabricó el ratón Theseus, que siempre encontraba su camino en un laberinto, y la caja de la mano muerta, que hacía un ruido truculento al encenderse, se abría, salía una mano cadavérica y esta apagaba el mecanismo.

Trabajó con el campeón ruso Mikhail Botvinnik en las primeras máquinas de jugar al ajedrez, -todo comenzó porque este le derrotó en 42 jugadas la primera vez que se encontraron-.

Calculó (número de Shannon) la cantidad de jugadas posibles en el ajedrez, que oscila más o menos en 10 a la 45 potencia.

Supo ver la importancia del ADN, solo 4 bases, como transmisor de la información biológica.

Fue un maestro en el criptoanálisis.

Shannon murió en el 2001 después de padecer por bastante tiempo la cruel (y en el caso de él aun más dolorosa) enfermedad de Alzheimer.

Inconcebible.

¿Qué es información?

La información es el conjunto de conocimientos, -en teoría casi infinito-, que da sentido y significado a las cosas y al pensamiento humano.

Los animales, y probablemente las plantas, manejan cantidades limitadas de información.

Sin información no hay pensamiento humano, y viceversa.

Los seres humanos (unos más que otros, de acuerdo) no solamente emplean información, sino que crean nueva información. Mientras más se organiza y procesa la información más útil se vuelve para su empleo adecuado.

El ser humano ha creado los mecanismos para guardar, procesar, perfilar, confrontar y generar información, y la historia de la información, -información ella misma-, equivale casi completamente a la historia humana.

Los datos del mundo real llegan al cerebro a través de los sentidos; el cerebro integra los datos y los convierte en conocimientos, que a su vez pueden archivarse, olvidarse o transformarse en obras, y esas obras son nueva información.

Como es fácil comprender, la lingüística está indisolublemente ligada al proceso de la información.

En el mundo actual la información se expande geométricamente, -la televisión, internet y las redes sociales son un ejemplo-, y esta expansión es un factor de cambio y de multiplicación de la propia información imparable.

Como la información crea conocimiento y el conocimiento tiende a hacer más libre al hombre, es obvio que la libertad de información representa un reto para todo gobierno o institución que tienda hacia el totalitarismo.

Pero al mismo tiempo la información es necesaria, en el mundo turbulento e hiperconectado en el que vivimos, para proteger a la sociedad y los ciudadanos.

La legislación necesaria para evitar que todo esto se convierta en un círculo vicioso es un reto ciudadano y político que rebasa el contenido de este pequeño libro.

Información y agujeros negros

Por definición, un agujero negro es una estrella u otro cuerpo celeste que colapsa sobre sí mismo debido a la fuerza de gravedad de su gran masa, y se comprime hasta el punto de impedir que cualquier tipo de materia y energía, incluyendo la luz, puedan alejarse de él.

El punto en el que se concentra la gigantesca masa del agujero negro es llamado una singularidad.

¿Y por qué traemos a colación este fenómeno cósmico?

En 1973, un físico israelonorteamericano, Jacob Bekenstein, que estudiaba a la sazón en Princeton, decidió averiguar qué pasaba con la información que portaban los objetos que eran tragados por los agujeros negros.

A primera vista esto podía parecer una disgresión inútil, pero como ocurre con tantos aspectos de la investigación fundamental, los cálculos de Bekenstein arrojaron detalles inesperados y de importancia aún no bien definida para la ciencia.

Un agujero negro del tamaño de una partícula subatómica puede incorporar trillones de bits de información, pero esa cantidad no es de ninguna manera infinita, sino que está determinada por el área superficial del agujero, su horizonte u horizonte de eventos como se le denomina por los físicos y cosmólogos

A esto se le denominó número de Bekenstein, y de pronto se hizo evidente que tenía una gran importancia para la determinación futura de una teoría del todo.

Sorprendentemente, el análisis de una cantidad x de información aparentemente perdida dentro de un objeto cósmico llevaba a una de las cuestiones medulares de la física teórica.

Información y memes

Clinton Richard Dawkins nació en Nairobi, Kenya, en 1941, pero aún niño regresó con sus padres a Inglaterra.

Desde joven demostró ser un científico serio y un divulgador de altura, pero el reconocimiento internacional le llegó a los 35 años de edad con la publicación del libro "El gen egoísta" que lo catapultó al éxito de ventas y al mundo de la controversia.

Entre otros muchos planteamientos de interés, Dawkins describe en este trabajo lo que él denominó "memes", que derivan el apelativo de la semejanza, según él, con las porciones de ADN que transmiten la información heredada, los genes.

¿Y qué son los memes?

Pues paquetes de información cultural que irían trasmitiendo el acerbo de conocimientos acumulado por una persona a otra (de un cerebro a otro), por una generación a otra o por una etnia o cultura a otra.

Con la teoría memética, Dawkins hace un parangón entre el ADN genético y el cerebro, como las dos fuentes de transmisión de información con que cuenta el ser humano.

Los genes trasmitirían caracteres hereditarios de dos personas, madre y padre, a una tercera, la descendencia, y los memes transmitirían información cultural, -en el sentido más amplio de la palabra cultura-, de personas y grupos a otras personas y grupos.

Según esta hipótesis, los memes tendrían varias características distintivas: fecundidad, fidelidad de replicación y longevidad.

Es muy interesante la comparación que hace Dawkins entre la selección natural darwinista y su hipótesis memética.

Igual que algunas características heredadas son más persistentes que otras, algunas ideas sortearían mejor su evolución y se mantendrían, -la idea de Dios es un buen ejemplo-, mientras que otras menos "fuertes" desaparecerían (las modas).

El enfatiza que esta longevidad memética no tiene nada que ver con que la idea sea verdadera o no lo sea.

Siguiendo a Dawkins, un grupo de memes coherentes constituiría un "macromeme" y un buen ejemplo sería un idioma.

Dawkins también reconoce que en 1924 el biólogo alemán Semon y en 1927 Maeterlinck había hablado de algo que ellos llamaron mneme, y que guarda cierta semejanza con el meme.

Algunos investigadores no comparten la hipótesis memética, aduciendo, que a diferencia de los genes, no hay forma de encontrar memes aislados que puedan ser estudiados en el laboratorio.

Algún que otro autor ha llegado a insinuar que la memética no es más que una broma, una coña inteligente de Dawkins.

Pero tiene sentido, ¿o no?

10

Jugar es algo muy serio

Solo Dios puede hacer una selección al azar
                    Atribuido a Albert Einstein

Puedes construirlo a prueba de bombas, pero no a
prueba de idiotas
                                        Anónimo

Un juego macabro para comenzar

Supongamos que hay un país, al que denominaremos A,
que en un momento crítico de su historia logra desarrollar
y construir tres bombas atómicas, y emplea dos de ellas
contra otro país, X, al que deja fuera de combate.

Al día siguiente de las explosiones A no tiene rivales en el
mundo, pues X se rinde y abandona el juego y nadie más
posee una bomba atómica, excepto A. Por eso se dice que
A "disuade nuclearmente" a cualquiera que intente retarle
convencionalmente.

Pero el tiempo, -y la ciencia y el espionaje-, pasa, y un buen día el país B detona una bomba atómica mayor (de más megatones) que las de A.

El escenario, el juego, ha cambiado radicalmente. La disuasión puede funcionar para otros posibles jugadores, pero ya no para B.

Entonces A toma dos decisiones importantes:

1- Construir muchas bombas atómicas.

2- Desarrollar una nueva arma, -un as en la manga-, mucho más devastadora; la bomba de hidrógeno. Con estas jugadas A consigue "contener" a B y vuelve a ponerse al frente del partido.

Pero el tiempo, y todo lo demás, sigue pasando, y sin previo aviso, B detona una bomba de hidrógeno aún más poderosa que la de A, y anuncia que tiene muchas bombas atómicas.

¿Qué hacer? A se rasca la cabeza y toma su decisión; va a jugar ahora tres cartas diferentes al mismo tiempo.

1- Construye más y más veloces bombarderos pesados (que eran el único vector de las bombas en ese entonces).

2- Pone a punto cohetes (missiles) de largo alcance con base en tierra (ICBM) capaces de volar hasta el territorio de B.

3- Bota al agua submarinos que pueden disparar ojivas nucleares desde cualquier punto de los océanos y alcanzar a B en sus centros neurálgicos militares y civiles.

A respira aliviado. Sus cabezas nucleares son tantas y están tan dispersas que no pueden ser neutralizadas por B, por tanto, ha alcanzado la "disuasión total".

Pero el tiempo, y todo lo otro, sigue pasando.

Un día cualquiera B prueba, con éxito, un ICBM y dispara un proyectil de alcance medio desde un submarino.

¡Horror! Dos ases sobre la mesa.

¿Cómo enfrentar el envite de B?

A pone su corazón, y sus recursos, en el juego. Por un lado construye pequeñas armas nucleares que pueden ser disparadas con cañones y proyectiles de corto alcance, con la esperanza, probablemente injustificada, de detener las fuerzas blindadas de B sin llegar a la destrucción total, y, despliega miles de cabezas atómicas (tierra, aire y mar) con el fin de convencer a B de que será destruido si osa atacar primero.

Pero B responde. Activa centenares y centenares de ojivas nucleares en todas partes con el fin de asegurarse no solo la destrucción de A sino de todo el planeta.

A esta estrategia se le denominó, que nombres hay para todo, MAD, que significa "mutual assured destruction" acrónimo que como por casualidad quiere decir loco en inglés.

Para ese entonces los estados mayores de A y B, que tienen tantas cabezas nucleares que no saben qué hacer con ellas, complican las cosas con una serie de teorías sobre "ataques contrafuerza", "ataques contravalores" y toda una gama de tonterías relacionadas.

En un momento dado B quiebra (fabricar miles y miles de ojivas y vectores cuesta un potosí). Su economía no da más y en la práctica se sale del juego.

A se declara vencedor y sonríe satisfecho, pero... C, D, H e I quieren ahora participar en el juego y se aprestan con entusiasmo a hacerlo, amenazando, claro está, a A.

Es el momento en que A comienza a extrañar con nostalgia los buenos viejos tiempos de la carrera loca junto a B.

Todos sabemos que este juego terrorífico ocurrió en la realidad, se llamó la Guerra Fría y estuvo a punto de terminar con la humanidad en más de una ocasión.

La teoría MAD llegó a elaborarse tanto que los soviéticos, -el país B del juego-, descubrieron, y lo demostraron matemáticamente, que no era necesario que uno de los dos contendientes utilizara sus armas.

Si uno solo de ellos las empleaba a fondo, la nube de polvo y cenizas ocultando el sol, el invierno nuclear subsiguiente, los pulsos electromagnéticos generados, la radiación beta y gamma y los rayos ultravioleta acabarían con todos: A, B, C y así con todos y cada uno de los habitantes del planeta.

Lo que se conoció por un tiempo como el "arma secreta rusa".

Toda esta política, quizás necesaria desde el punto de vista político, pero psicológicamente desquiciada, constituyó un juego espantoso, pero juego al fin, y en buena parte fue elaborada, teorizada más bien, por algunos de los creadores de la teoría de juegos.

Adentrémonos un poco en ella.

La necesidad de jugar

Los estudios psiquiátricos sobre asesinos en serie (serial killers), en los que el profesor Stuart Brown, de la Universidad Baylor, en Houston, ha jugado un papel pionero, han demostrado que en su gran mayoría estos criminales tenían dos cosas en común:

1- Provenían de familias psicorígidas, hiperdisciplinarias y abusivas.

2- Habían sido privados en la niñez del juego libre, entendiendo por tal el que no tiene reglas establecidas, <el retozo, hacerse cosquillas, jugar a ser mamá, cocinera, doctor, cowboy o simplemente a las escondidas>.

El juego libre se parece mucho más a las formas de juego que practican los animales, y nunca es llevado a cabo bajo situaciones de presión o estrés.

El investigador Gordon Burghardt ha estudiado durante casi veinte años el juego en los animales (The genesis of animal play, MIT Press, 2005) y ha concluido que es innato, repetitivo, voluntario e imprescindible para el desarrollo normal, -no importa que sea un gato casero o un tigre de Bengala-, de los mismos.

En los humanos el juego parece ser fundamental para el desarrollo de los límites sociales, la permisividad social, que no se aprende de la misma forma cuando viene de los padres y maestros.

Una observación interesante es que el lenguaje de los niños, cuando juegan entre sí, suele ser mucho más sofisticado que cuando conversan con los adultos.

Melinda Wenner, en un interesante artículo (The serious need for play. Scientific American. feb/march 2009) señala que la curiosidad, la imaginación y la creatividad, partes esenciales del juego libre, son como los músculos, que si no se ejercitan se atrofian.

Pero los humanos han ido más allá, y han ideado juegos que sí tienen reglas.

El papel de las llamadas neuronas espejo o neuronas especulares, descubiertas inicialmente en estudios con primates por el neurobiólogo italiano Giacomo Rizzolatti y su equipo en los años 80 y 90 del siglo XX, no ha hecho más que ganar importancia desde entonces.

Se ha llegado a decir que las neuronas espejo son a las neurociencias lo que el ADN es a la genética.

Estas redes neuronales, -que no son privativas de los humanos-, explican desde el bostezo colectivo (o las crisis de risa colectiva en situaciones o lugares inadecuados) hasta el aprendizaje del idioma primario o el involucramiento afectivo de las personas en las tramas cinematográficas, deportivas y probablemente hasta en las políticas.

Por el momento, solo diremos que estas neuronas tienen una importancia fundamental en las actividades de imitación, e incluso en la "predicción" de acciones a producirse pero que aún no se han producido.

Su relación con los juegos es motivo de varios estudios en este momento.

Los precursores

Los primeros que se ocuparon de investigar cómo ganar, o como perder menos en el juego eran, por supuesto, jugadores.

Muchos de ellos no dejaron constancia escrita de sus hallazgos, o simplemente no pudieron o supieron obtener resultados prácticos y medibles.

Pero en 1713, un noble inglés, con tiempo de sobra para pensar y muchos deseos de ganar, estructuró las bases del análisis "minimax", que algo más de doscientos años después desarrollaría el matemático von Neumann, precisamente uno de los especialistas más calificados en diseño de respuestas nucleares MAD.

En 1838, el francés Antoine Cournot, un economista dedicado al estudio de la riqueza, -y también entusiasta jugador de cartas-, publica una monografía en la que esboza con sencillez lo que se convertiría, unos 150 años después, en el equilibrio Nash, que ganaría para este último el Premio Nobel y la fama hollywodense.

Emile Borel, otro jugador empedernido, publica en 1921 varios artículos dedicados al análisis de juegos con dos participantes solamente.

Borel no supo ver las posibilidades de sus análisis matemáticos en juegos con más de dos contendientes, pero si predijo que sus estudios podrían aplicarse a otras materias, específicamente las confrontaciones militares entre dos partes beligerantes.

El camino estaba expedito para el siguiente salto.

Un jugador muy, muy fuerte

John von Neumann (1903-1957), al que ya nos hemos referido anteriormente, fue uno de los seres más ferozmente competitivos que tuvieron algo que ver, -y en el caso de él mucho-, con la historia de las ciencias.

Judío nacido en Budapest, brilló en los estudios desde niño. Se graduó de matemáticas con honores a los 23 años y su desarrollo posterior fue espectacular.

Diez años después estaba trabajando en el Instituto de Estudios Avanzados de Princeton, donde se codeó de tú a tú con Albert Einstein, Kurt Godel y otros monstruos de la física teórica y las matemáticas aplicadas.

Su obra científica y técnica, teniendo en cuenta que murió de un cáncer sumamente agresivo a los 53 años, es enorme:

Aportes a la lógica matemática y la teoría de conjuntos, axiomatización de la mecánica cuántica, teoría y práctica de los explosivos (él fue el que demostró que las bombas hacen más daño cuando explotan sobre el objetivo que cuando explotan en el objetivo), la arquitectura básica de las computadoras, la hidrodinámica de la viscosidad artificial (que permitió la construcción de motores eficientes para cohetes), la planeación de autómatas celulares, los cálculos de la masa crítica de la bomba de hidrógeno y muchos otros.

Pero en esos muchos otros hay dos que nos interesan especialmente ahora:

1- El diseño del concepto MAD, que el perfiló basándose en la teoría de juegos.

2- Que él mismo es considerado el padre de la propia teoría de juegos.

En 1928 se interesó por los viejos trabajos de Cournot y Borel y en muy poco tiempo dejó establecida toda la teoría matemática del enfoque minimax, -convertir en mínima la máxima pérdida o en máxima la mínima ganancia-, para juegos de dos contrincantes o de grupos.

Pero hizo más, extendió su análisis al campo de la economía, viendo esta, oferta, demanda y psicología de la negociación, como un gran juego sometido al ámbito del razonamiento minimax.

Von Neumann nunca fue considerado para el Premio Nobel, quizás porque murió muy joven o con más certeza porque sus trabajos tuvieron mucho que ver con las armas y la guerra.

En el año 2005 el correo estadounidense emitió una estampilla con su rostro.

Suma cero y suma no nula

Un juego de suma cero es aquel en el que la ganancia o pérdida de un contendiente es igual e inversa a la del otro contendiente.

El ajedrez es un buen ejemplo. Un jugador gana, el otro pierde o ambos hacen tablas.

Un juego de suma no cero o no nula es aquel en que los contendientes no necesariamente ganan todo o pierden todo.

El boxeador A gana y se lleva $ 1,000, 000, pero el contrario B pierde y se lleva la mitad. Por lo menos en teoría, un juego de suma no cero es igual a un juego de suma cero de "n + 1" contendientes.

La estrategia MAD era un juego de suma no cero en el que todos perdían.

Una sociedad perfecta sería un juego de suma no 0 en el que todos ganaran.

Cosas de la teoría.

El presente

La teoría de juegos ha saltado a otros campos de la ciencia y se ha enriquecido a su vez en ellos.

La teoría del conflicto es anterior a la de juegos pero se ha establecido una simbiosis entre ellas que ha aportado nuevas visiones y soluciones a diferentes facetas de las ciencias sociales.

En el año 2005 se le concedió el Premio Nobel a Thomas Schelling por sus aportes sobre irracionalidad, negociación, comunicación e información en ambas teorías.

Hablar de guerras "simétricas" (convencional) y "asimétricas" es ya un lugar común.

En biología se ha desarrollado la teoría evolutiva de juegos, donde se estudia la estabilidad como factor de evolución. La lingüística, la jurisprudencia y la política han asumido la teoría de juegos como una parte imprescindible de sus análisis.

Entonces ¡hagan juego, señores!

11

Exageraciones... como teoría

Si no ha estudiado nada, nada podrá olvidar en el exámen
                    El primer expediente de mi curso

Haz bien y no mires a quién... pero guarda su teléfono en tu Smartphone
                                        Ley de Fojo

En todo país, sociedad o grupo humano hay "élites", conjuntos de personas que ostentan rasgos, formas de actuar y características que los hacen más o menos diferentes al total de la comunidad en la que se mueven.

Los miembros de algunas élites, que no necesariamente son más inteligentes y modestos, suelen creer también que son superiores al resto de los mortales.

La nobleza cortesana es una élite (en decadencia, claro); los políticos en el poder, -no importa el lugar-, otra, los hackers otra y los Premios Nobel y los cantantes de música country también lo son, al igual que los cantantes de ópera y los generales de los ejércitos.

Pertenecer a una élite no es nada malo, salvo que eso genere infatuación, vanidad, arrogancia o abuso de poder. Las hermanitas de la Caridad son una élite (ellas lo negarían de inmediato) destinada a hacer el bien, y los SS nazis lo fueron para hacer mucho, mucho mal, y para colmo, se sentían orgullosos de hacerlo.

Pero la palabra élite, con el sentido de grupo más o menos cerrado, anteriormente expresado, no existió siempre, -aunque los grupos de poder sí, desde la Edad de Piedra-, sino que fue inventada por un sociólogo italiano llamado Vilfredo Damaso Pareto (1848-1923).

Pareto vivió en una época turbulenta y no fue ajeno a la política activa, e incluso tuvo alguna relación con el Mussolini socialistoide de los primeros tiempos.

Su teoría de las élites es de suma actualidad y ha sido retomada una y otra vez por innumerables sociólogos, ensayistas y políticos, tanto para denostarla como para perfeccionarla, pero la verdad es que nadie la ignora.

No obstante, el aporte de Pareto que nos interesa a los efectos de este capítulo, es su famosa regla conocida como "principio de Pareto". Esta regla o ley se le ocurre a Pareto observando empíricamente la sociedad italiana de finales del siglo XIX: "Pocos tienen mucho y muchos tienen poco", y añade que más o menos el 20% de los ciudadanos formaban el primer grupo y el 80% el segundo.

Es la regla del 20-80 que después sería llevada a un diagrama de distribución y aplicada, no ya a la economía, sino a casi todo.

La formulación moderna del principio de Pareto establece que hay alrededor de un 80% de triviales, elementos de menor importancia, y un 20% de vitales, elementos de mayor importancia, en cada problema a conocer y/o resolver.

La teoría del valor extremo

El principio de Pareto, junto con la conocidísima campana de distribución estadística que diseñó el matemático alemán Carl Friedrich Gauss (1777-1855), <la mayoría de cualquier cosa está en la parte alta de la campana y la minoría en las dos colas laterales>, fueron asumidas como verdades obvias hasta alrededor del año 1928.

Por esa época, dos jóvenes matemáticos de Cambridge, R.A.Fisher y su alumno L.H.C.Tippett, inconformes con lo "demasiado evidente", se fijaron con más detenimiento en las colas de la campana de Gauss y razonaron de la siguiente manera:

"A medida que nos acercamos a los extremos de las colas, los acontecimientos tienen menos probabilidades teóricas de ocurrir, pero si se estudian separándolas de la bóveda principal de la campana y se comparan con hechos similares en un largo período de tiempo, cobran unos nuevos valores que pueden llegar a ser sorprendentes".

Acababan de establecer, como ellos mismos denominaron "las matemáticas del valor extremo", que mientras más se proyectaban hacia el futuro, -y mientras más información se recolectaba del pasado-, más importancia adquirían en la comprensión, y predicción, de situaciones fuera de lo común.

El asunto se tomó como una curiosidad científica más, hasta que en la década de los cuarenta ocurrieron dos hechos que dieron nuevos alientos a la teoría.

El matemático soviético Boris Gnedenko trabajó sobre las fórmulas originales de Fisher y Tippett, perfeccionándolas y haciéndolas más predictivas, y el matemático norteamericano de ascendencia alemana Emil Gumbel, de la Universidad de Columbia, comenzó a emplearlas para predecir posibles inundaciones, o sea, les encontró una utilidad real aplicada a un hecho natural.

En 1953, durante un invierno tormentoso, las olas sobrepasaron los diques holandeses y produjeron grandes inundaciones y enormes pérdidas materiales y alrededor de 800 muertes.

Cuando se sometieron dichos fenómenos al análisis de la teoría del valor extremo, se hizo evidente que las inundaciones podían haber sido prevenidas, es más, el sistema de diques holandeses fue rediseñado partiendo de esos cálculos.

En 1958 Gumbel publica, en los Estados Unidos, el primer libro de texto dedicado enteramente a la teoría del valor extremo.

Las compañías de seguros de todo el mundo, en la actualidad, recurren, para sus cálculos de posibles pérdidas, al principio de Pareto muy perfeccionado por el uso, a las curvas de Gauss y también a la teoría del valor extremo, sobre todo para el estudio de fenómenos naturales de gran envergadura y enormes costes económicos.

Curiosidades, o no tanto

Existen otras teorías, que se salen de lo común, cuyo estudio, aunque fuera del ámbito de este libro, resultan sumamente interesantes y abren ventanas insospechadas al conocimiento del mundo que nos rodea.

La "teoría de las catástrofes de Thom" se asocia estrechamente a la teoría del valor extremo, pero la supera en rigurosidad matemática y en la profundidad de los análisis de sistemas.

La "teoría del mundo pequeño", por poner un ejemplo, ha cobrado una gran importancia con el desarrollo de las redes sociales. Es la teoría que nos dice que todo el mundo, todo habitante del planeta, se relaciona de una u otra manera con cualquier otro ser humano en solo seis pasos como máximo. También es válida para empresas, corporaciones e incluso para mafias y otras entidades delictivas.

Existen juegos y libros que avalan esta teoría.

Y, para terminar el capítulo en un tono algo jocoso, la "Ley de la eponimia de Stigler", formulada en 1980, nos dice que:

"Ningún descubrimiento científico recibe el nombre de quien lo descubrió en primer lugar".

Aunque Stigler avala su ley con innumerables ejemplos (la Regla de Oro de Enrico Fermi fue expresada primero por Paul Dirac, por mencionar uno), su mejor aserto es cuando dice que su ley, la Ley de Stigler, fue enunciada primero por Robert K. Merton.

¡A confesión de parte...!

12

Peleando por el ego

Un loco con dinero es elegido fácilmente
                    Analista político anónimo

Si fracasas una sola vez, eres un estúpido; si fracasas muchas veces después de haberla pegado una sola vez, eres un genio
                    Atribuido (apócrifamente) a Ted Turner

Fred Hoyle (1915-2001) fue un tipo brillante y un poco raro.

A los diez años de edad, en las aburridas noches de su condado natal de Yorkshire, en Inglaterra, se entretenía "navegando" de una estrella a otra e imaginando como serían por dentro.

Después de graduarse con honores en matemáticas en Cambridge, es reclutado por el Almirantazgo para el programa de desarrollo del radar, un instrumento fundamental en la heroica batalla de los ingleses contra la fuerza aérea alemana.

Hoyle fue uno de aquellos hombres a los que se refirió Churchill cuando dijo que "nunca tantos le debieron tanto a tan pocos".

Pues bien, unos años después, en 1948, ya profesor en Cambridge, se enfrasca en el estudio de los elementos primarios del Universo, -Hidrógeno y Helio-, y de cómo se formaron todos los otros elementos químicos que permitieron la formación de los planetas y después de la vida.

Se dio cuenta que las altas temperaturas de fusión de los núcleos estelares eran las responsables de la producción de átomos pesados, pero... en el caso del Carbono tenía que existir un isótopo (C12) con una energía de resonancia específica, o no habría Carbono, y por tanto no habría vida.

En aquel momento Hoyle, que solamente había trabajado el asunto desde el punto de vista teórico, matemático, no se encontraba en condiciones de demostrar la existencia real de ese número de resonancia en el C12.

¿Qué hizo Hoyle?

Pues algo así como lo que hizo Alejandro el Grande con el nudo gordiano.

Dijo que si los químicos no habían encontrado esa resonancia del Carbono era porque se habían equivocado, pues si no, no estarían vivos.

¡Encuentren esa resonancia del Carbono o estamos todos muertos!

Unas pocas semanas después los especialistas encontraron la resonancia del C12 tal y como había predicho Hoyle.

Este alarde de brillantez intelectual e imaginación no siempre le ganó amigos.

Fue considerado por sus pares como el mejor cosmólogo del siglo XX, inventó el nombre del Big-Bang para burlarse de la teoría y de sus postuladores, se le negó el Premio Nobel por sus serias discrepancias con el comité sueco (uno de los grandes escándalos de los Nobel), se dedicó a la ciencia ficción e inventó teorías extraterrestres hasta para explicar la mutación de los virus de la influenza, pero su aseveración de la necesidad imperativa de un número específico de resonancia para el C12 no pasó inadvertida y se unió a otras pruebas de una hipótesis que ya se estaba gestando.

¿Cuál era esa hipótesis?

El Principio Antrópico

Los físicos a veces ocupan sus ocios haciendo cálculos aparentemente anodinos.

Arthur Eddington, Paul Dirac y George Gamow no escaparon a esa particular forma de relajarse, y así encontraron algunos números que a la postre resultaron verdaderamente sorprendentes.

Por ejemplo:

La cantidad aproximada de protones en el espacio demarcado por la luz que llega hasta nosotros es de 10 elevado a 80 (un 1 con 80 ceros). Si dividimos el tamaño del universo que vemos entre el tamaño del electrón obtenemos 10 elevado a 40 (un 1 con 40 ceros detrás, que es la mitad del anterior). La fuerza de atracción de un protón y un electrón es 10 elevado a 40 veces mayor que la atracción gravitatoria.

Estas y otras cifras muy semejantes, todas rondando el 10 elevado a 40 o sus múltiplos, llevó a la teoría de los números grandes, que a la larga demostró tener serias inexactitudes, pero hizo repensar el hecho de que había cosas en la naturaleza que presuponían una fuerza superior facilitadora de la vida inteligente (¿una ley aun por descubrir?), lo que planteó sin arredrarse, en 1957, el físico de la Universidad de Princeton Robert Dicke.

¿Cuál es el quid del problema?

Los párrafos anteriores son bastante anecdóticos y poco específicos, pero el hecho inobjetable es que todas las constantes cosmológicas han permitido que se desarrolle la vida por lo menos en un planeta, la Tierra, el nuestro.

Si la temperatura inicial del universo hubiera sido solo una fracción diferente no se hubieran formado a la larga átomos de carbono, si la fuerza nuclear fuerte hubiera sido una fracción más débil o más fuerte, no existirían moléculas y por tanto no existiría la vida, si la gravedad hubiera sido una fracción más débil, el universo no hubiera formado galaxias, y si hubiera sido una fracción más fuerte, todo hubiera terminado ya en una singularidad (el Big-Crunch).

Si la Tierra estuviera una fracción más cerca del Sol su temperatura sería incompatible con la vida (y con el agua), y si estuviera una fracción más distante todo estaría congelado.

Y así podríamos continuar por páginas y páginas.

Todas estas cosas se discutían por los físicos y cosmólogos, pero más como temas de sobremesa y curiosidades que como ciencia rigurosa.

Fue entonces que uno de ellos dio un paso más allá.

Brandon Carter (1942) es un físico teórico nacido en Australia, pero formado en Cambridge, donde colaboró con Fred Hoyle y trabó una gran amistad con Stephen Hawking.

Alrededor de 1973 formuló lo que él mismo denominó "Principio Antrópico", que en forma simple intenta explicar que los humanos son observadores privilegiados de un universo que ha evolucionado de tal forma que facilita, precisamente, la aparición de esos mismos observadores humanos.

Ni que decir que la formulación del Principio Antrópico desató, en una buena parte de la comunidad científica, una gran controversia que aún perdura.

Y partiendo de estas discusiones, pertenecientes más al campo de la filosofía que al de la física teórica, en 1986, dos físicos, John Barrow y Frank Tipler publicaron un libro titulado "Principio antrópico cosmológico", en el que establecían tres categorías en orden creciente para la hipótesis de Carter:

1- Principio antrópico débil: Fue el formulado por Carter.

2- Principio antrópico fuerte: Afirma que el universo debe tener, intrínsecamente, propiedades que permitan el desarrollo de la vida en algún momento de su existencia.

3- Principio antrópico final: Asegura que se desarrollará un procesamiento inteligente de la información en todo el universo y que se mantendrá indefinidamente.

El eminente físico norteamericano John Archibald Wheeler (1911-2008), creador, entre otros muchos aportes, de las palabras "agujero negro" y "agujero de gusano" fue aún más lejos cuando escribió en un importante artículo que:

"No solo el hombre se ha adaptado progresivamente al universo, sino que el universo también se ha adaptado al hombre.

El Principio de Mediocridad

John Richard Gott (1947) dista mucho de ser un mediocre, es más, su cerebro de astrofísico se desarrolló como matemático en Harvard y como físico en Princeton, lo que le ha permitido, como docente de alto nivel, dictar cursos muy especializados en Cambridge y en el Instituto Tecnológico de California.

También le gusta viajar, y en uno de esos viajes al Berlín dividido del año 1969, fue invitado por su amigo, el astrónomo Charles Allen, a ver el famoso Muro de Berlín.

Allen comenzó a explicarle la historia de aquel engendro, que ya tenía ocho años de construido y... de pronto Gott, que como todo buen científico de vez en cuando se comporta un poco estrafalariamente, sacó una libretita y un bolígrafo e hizo unos cálculos rápidos.

Levantó la cabeza y dijo:

-Mira Allen, a esa fea pared le queda ahí algo menos de 24 años. Hizo una breve pausa y añadió. -Y te lo afirmo con un 75% de seguridad.

Allen, que conocía muy bien a Gott y sabía de su desinterés en temas políticos, le invitó a un café y olvidó pronto el asunto.

Al caer la tarde del 9 de noviembre de 1989 la multitud, sobre todo de jóvenes, comenzó a presionar a los guardias alemanes orientales que cuidaban de los pasos, y ante el desbordamiento popular, abrieron las barreras sin oponer resistencia; el 10 de noviembre en la mañana se inició la demolición del odiado muro, transmitida en vivo a todo el mundo.

Allen, en Estados Unidos, vio las imágenes en la televisión y recordó la predicción de Gott; inmediatamente le llamó por teléfono:

-¡Gott, el Muro de Berlín ha caído a los veinte años justos de tu predicción! ¿Cómo lo supiste?

Gott le contestó sin darse importancia:

-Muy fácil, apliqué el principio matemático de mediocridad y esas fueron las cifras que arrojó.

¿Magia, esoterismo, adivinación?

Nada de eso.

Tal y como él le dijo a Allen, se limitó a aplicar una fórmula muy simple que desarrolló partiendo de un concepto aún más simple:

"Nada ni nadie es excepcional; todo ha tenido un comienzo y todo tendrá un final, sea el Universo, la Tierra, tú, yo o el Muro de Berlín, y ese final se puede calcular con cierta certeza si conocemos el tiempo que ha pasado desde que comenzó como tal el objeto de estudio".

Ese es el enunciado básico del Principio de Mediocridad (si nada es excepcional todo es mediocre, por definición) que Gott, astrofísico al fin, prefirió denominar Principio Copernicano, por aquello de que Copérnico sacó a la Tierra del centro del sistema solar.

En realidad, Gott siempre ha hecho hincapié en que su principio se refiere a los observadores; para él no hay observadores privilegiados, sino solamente observadores comunes que ven o estudian fenómenos comunes.

Observe como el Principio de Mediocridad entra en franca contradicción con el Principio Antrópico, donde los observadores, nosotros, somos los privilegiados.

Pero resulta que ahora hace su aparición un vecino conocido. El amigo Brandon Carter, que dio nombre al Principio Antrópico, en una demostración de respeto científico y clase, conoce a Gott y decide aplicar su fórmula nada más y nada menos que al tiempo que le queda a la humanidad.

El cálculo de Carter arroja una cifra aproximada de 4600 años, con un 90% de certeza. El propio Gott obtiene una cifra algo mayor pero con una probabilidad, debido a fenómenos intercurrentes, de que pueda elevarse a una cifra mucho mayor.

Como las cifras tremendistas son más del gusto popular, <y los científicos son, al fin y al cabo, personas>, los 4600 años de Carter se convierten para los especialistas en el "Argumento del Juicio Final", el "Argumento del Apocalipsis" o sencillamente la "Catástrofe de Carter".

Queda claro que dominando la fórmula, que puede encontrarse en cualquier libro de texto o en internet, se puede calcular el tiempo de duración (aproximado y con una certeza variable) de cualquier objeto, persona, país o lo que sea.

En un artículo sobre la crisis crediticia del 2008, el profesor cubano-americano Jorge Salazar-Carrillo dice que esa situación específica pertenece al mundo de "extremistán, pero que en un tiempo razonable todo regresará a "mediocristán".

Una interesante forma de referirse al Principio de Mediocridad aplicado a la economía.

13

La Teoría del Todo

Si quiere mantenerse, participe, pero no se destaque;
si quiere que hablen, destáquese, pero no participe; si
quieren que lo odien, participe y destáquese
Sabiduría popular cubana

No hay nunca dos partes iguales
Anónimo

Casi todas las teorías y leyes que hasta aquí hemos repasado someramente, explican, o intentan explicar, con éxito variable, fenómenos que están ocurriendo, o que se suponen están ocurriendo en el mundo real.

La denominada, -al principio en forma jocosa-, Teoría del Todo, aunque se refiere también a aspectos fundamentales de la materia y la energía que conforman el Universo y todas las cosas, incluyéndonos a nosotros mismos, no es más que un ideal, que incluso, para muchos científicos de credibilidad probada, resulta muy difícil de alcanzar, por lo menos en los próximos decenios.

De qué estamos hablando

Conviene dejar claro que la Teoría del Todo se refiere a la composición de la materia y la energía, las leyes que definen esa composición y todos los movimientos y fuerzas que se derivan de ella.

Si existiera una teoría que unificara todas las leyes que regulan la composición, estados y movimientos de la materia y la energía estaríamos en el umbral de poder predecir casi todo, dado que la materia lo compone todo: el Universo, las galaxias, la materia oscura, las estrellas, los agujeros negros, los cometas, los planetas, la luz, el agua, los elementos químicos y la vida en todas sus manifestaciones.

Decimos "casi todo" para dejar un espacio a ciertos temas un poco conflictivos: Dios, la mente creadora, el alma, etc.

Hagamos, como hacía Einstein, un experimento mental: Supongamos que nuestros ojos son tan poderosos que pueden ver la estructura íntima de la materia.

¿Qué veríamos?

Unos enormes espacios vacíos, -o aparentemente vacíos-, en los que se desplazan, a velocidades vertiginosas, pequeñas partículas, algunas de ellas enlazadas entre sí, que de vez en cuando chocan y emiten nuevas partículas, aun más pequeñas, y luz, pero no la luz como la conocemos sino luz en forma de ondas o minipartículas brillantes y muy, muy rápidas.

Eso es todo o por lo menos así creemos que es.

¿Por qué entonces tomamos una piedra de granito en las manos y nos parece tan sólida y compacta?

Porque entre las diminutas partículas subatómicas y atómicas que componen esa piedra hay campos de energía que enlazan, con mucha fuerza, unas partículas con otras.

Si golpeamos la piedra con un martillo estamos quebrando billones y billones de esos campos, y por ende, partiendo la piedra en pedazos.

Y esto es válido para todo; desde una megaestrella hasta un océano, pasando por un cuerpo humano, una bomba de hidrógeno, la Luna o un café con leche.

Pues bien, ¿qué fuerzas mantienen tan unidas esas partículas que son capaces de formar una piedra tan sólida y compacta (o el martillo que las rompe).

Hasta donde sabemos son cuatro fuerzas, pero los físicos sospechan desde hace menos de un siglo, que en realidad son cuatro expresiones o manifestaciones de una sola fuerza, y si llegaran a probarlo, -lo que quería hacer Einstein-, prácticamente habrían hallado la Teoría del Todo.

¿Cuáles son esas fuerzas?

Las fuerzas estrechamente relacionadas con la materia y la energía, <fuerzas fundamentales>, son, como ya dijimos, solamente cuatro:

1- La fuerza gravitatoria o gravedad, descubierta y explicada científicamente por Newton, aunque reconocida prácticamente desde siempre. Su alcance entre cuerpos con masa es infinito (mantiene, por ejemplo, a los cúmulos de galaxias en sus órbitas) y, aunque nos parezca extraño, es la más débil de las cuatro.

2- La fuerza electromagnética. La conocemos por los imanes, la cuenta de electricidad mensual, las ondas de radio y TV y sabemos, desde la escuela, que los electrones giran alrededor del núcleo atómico. La propagación de la luz hacia todos los confines del Universo demuestra que esta fuerza también es infinita. Es más fuerte que la gravedad pero menos que las otras dos que vamos a describir a continuación.

3- Fuerza nuclear débil. Cuando nos preocupaba la radiación que se esparció desde Fukushima, estábamos, sin saberlo, pensando en ella, pues es la responsable de la desintegración de partículas y su conversión en radiación ionizante. Su alcance es mucho más limitado (gracias a Dios) y resulta más fuerte que las dos anteriores.

4- Fuerza nuclear fuerte. Gracias a ella los quarks (partículas subatómicas) forman protones y neutrones, y estos, a su vez, se mantienen dentro del núcleo atómico. Sin ella no existiría la masa, o sea, no existiría la materia. Su alcance es muy limitado y nadie le gana en fuerza.

Las cuatro fuerzas actúan mediante los campos y se supone que existen partículas, -que no se han encontrado claramente hasta ahora-, que funcionan como mediadoras; se les denomina bosones (el Boson de Higgs las ha hecho muy famosas).

Por ejemplo; la gravedad actuaría gracias a los gravitones, bosones de vida muy efímera que mediarían dentro del campo gravitatorio uniendo una masa con otra.

Matemáticamente son plausibles y se buscan afanosamente en los aceleradores de partículas.

Un poco de historia

En el siglo XVII (1687) Newton llevó a cabo la primera unificación teórica de fuerzas verdaderamente científica de la historia; lo hizo demostrando que la gravedad, que hacía que un objeto, -la famosa manzana-, cayera siempre en dirección al suelo, y la que hacía que la Tierra girara alrededor del Sol, eran la misma fuerza.

En 1868, James Clerk Maxwell demostró, apoyándose en los trabajos de Oersted, Ampere y Faraday, que la corriente eléctrica y la actividad magnética constituían una única fuerza, la fuerza electromagnética.

Ya en el siglo XX, la mecánica cuántica dio una nueva fisonomía al electromagnetismo, Einstein mejoró las ecuaciones de Newton mediante su teoría de la relatividad general y se descubrieron las fuerzas nucleares débiles y fuertes (alrededor de 1930).

En 1967, Abdus Salam, un pakistaní creyente fervoroso en el Corán y dotado de un razonamiento matemático genial, Sheldon Glashow y Steven Weinberg unificaron teóricamente, mediante un elegante sistema de ecuaciones, la fuerza electromagnética y la nuclear débil, que pasaron a nombrarse entonces fuerza electrodébil.

Después se ha trabajado con ahínco en el llamado Modelo Standard, que unificaría la fuerza electrodébil con la nuclear fuerte.

Esta última teoría, aunque muy desarrollada matemáticamente, no ha sido probada experimentalmente de un modo definitivo. Si esto último se lograra experimentalmente de un modo definitivo, lo que parece muy cercano, quedaría entonces por unificar la gravedad con el Modelo Standard, lográndose así la Teoría del Todo.

Por el camino, y no queremos complicar demasiado este pequeño capítulo, han surgido una serie de teorías, ninguna de ellas plenamente demostrada, que podrían acelerar la unificación total: las diferentes teorías de cuerdas, la teoría M de Witten, las supercuerdas, las p-branas, la teoría de Cladin y otras, que se basan, generalmente, en la introducción a las ecuaciones de una gran cantidad de dimensiones extras, además de las cuatro dimensiones clásicas que conocemos: alto, ancho, largo y tiempo.

Si la Teoría del Todo llegara a demostrarse, la fuerza única sería denominada Superfuerza, y se tiene la impresión de que esta fuerza reinó claramente en el momento de la gran explosión o Big-Bang.

Futuro

El futuro cercano de la Teoría del Todo es incierto.

Las cotas de energía que alcanzan los aceleradores de partículas más grandes con que cuentan los científicos están muy lejos de acercarse a las enormes energías que se supone desplegó el Big-Bang en el momento de la singularidad y en sus primeros segundos.

Las matemáticas no son algo definitivamente resuelto, por el contrario, pueden y deben continuar apareciendo formas y fórmulas.

La potencia computacional siempre creciente puede cambiar el panorama en un momento futuro dado, quizás no muy lejano.

Lo que sí podemos afirmar es que el ser humano, una vez planteado un problema, no lo abandona.

La Teoría del Todo puede demorarse 10, 100 o 1000 años, o puede que surja algo diferente por el camino, pero alguien, con toda seguridad, seguirá ocupándose y preocupándose por ella hasta que ocurra lo que tiene que ocurrir.

AL FIN, EL CAOS

14

Caos. Meteorólogos y mariposas

El primer 90% de cualquier trabajo requiere el 10% del tiempo, y el último 10% del trabajo requiere el 90% del tiempo restante

Regla 90/90 (atribuida a diversos autores)

La duración de un minuto depende del lado de la puerta del servicio sanitario en que usted se encuentre

Anónimo

Si usted está mirando la pantalla de cristal de cuarzo de un reloj atómico perfectamente calibrado y esta marca las 7 horas, 15 minutos y 23 segundos, usted puede estar razonablemente seguro que dentro de una hora exacta esa misma pantalla estará marcando las 8 horas, 15 minutos y 23 segundos.

Eso, en física y en la lógica formal también, se denomina un hecho lineal.

Ahora usted tiene en la mano un dado bien construido y sabe que no está cargado ni alterado de ninguna manera; lo agita entre sus dedos y lo lanza sobre una superficie lisa y estable; sale el número 5; lo vuelve a lanzar y sale el 3; lo vuelve a lanzar y sale el 5 de nuevo.

Usted puede continuar cuantas veces quiera.

A esas tiradas se le llaman hechos aleatorios.

Pero si el jueves luce un sol espléndido y hace calor, y usted se pregunta cómo estará el tiempo el domingo, la cosa cambia completamente.

Obviamente, usted no está frente a un hecho lineal, pero tampoco frente a un hecho aleatorio.

¿Frente a qué está usted entonces?

Pues mi amigo/a, usted ha chocado con el caos.

Vamos a explicarnos.

Reduccionismo y realidad

Casi todas las ciencias, hasta fines del siglo XIX, se basaron en una forma de razonar llamada reduccionismo.

Podemos explicarlo mejor con un ejemplo bastante sencillo.

Un hombre está parado al borde mismo de un precipicio mirando a la lejanía; otra persona se acerca sigilosamente por detrás y lo empuja con fuerza; la víctima grita, trata de sostenerse, se contorsiona y cae irremisiblemente al vacío.

¿Qué haría un físico? Calcularía la fuerza de gravedad y la aceleración del cuerpo para determinar la fuerza del impacto. ¿Qué haría un matemático? Ayudaría al físico en sus cálculos. ¿Qué haría un jurista? Acusaría al criminal y solicitaría una condena justa acorde con el delito. ¿Qué haría un médico? Diagnosticar las lesiones, tratar al paciente o solicitar un forense. ¿Qué haría un policía? Trataría de detener al criminal y evaluaría las pruebas. ¿Qué haría un político? Propondría construir, mediante un impuesto previo, una cerca alrededor del precipicio para evitar la repetición del hecho.

Detengámonos aquí.

Todos están haciendo lo correcto, lo establecido, -el impuesto es lo que menos nos gusta-, y todos están REDUCIENDO los hechos al terreno de sus especialidades.

Y además, todas las soluciones tienden al mismo resultado.

Así funcionó, <y todavía funciona en muchos aspectos>, la ciencia hasta hace unos 100 años. Se iba al corazón del asunto, se desechaban los aspectos colaterales y se trataba de explicar el fenómeno de una forma lineal.

Eso hizo Galileo, eso hizo Newton y eso hizo Maxwell, y lo hicieron tan bien que crearon toda la física clásica, la astronomía y muchas otras ramas de la ciencia.

¿Pero qué ocurre si el policía encuentra que el asesino que empujó a la víctima al vacío es un niño de 8 años abusado por el hombre? ¿Qué ocurre si el forense no puede hacer una autopsia porque no aparece el cadáver? ¿Y qué si aparecen huellas de sangre que se pierden en la distancia sembrando la presunción de que el hombre no murió en la caída?

Lo primero que nos viene a la mente es que ya NO todas las soluciones tienden al mismo resultado.

Pues bien, algo así, metafóricamente, es lo que encontraron los físicos y matemáticos a finales del siglo XIX y principios del XX.

Se dieron cuenta de que las cosas y hechos del mundo material eran complicadas y muchas veces NO LINEALES.

La mecánica cuántica y la teoría de la relatividad son sistemas no lineales.

Los sistemas no lineales, a su vez, pueden dividirse en sistemas no lineales con soluciones exactas (integrables) o en sistemas no lineales sin soluciones exactas (no integrables) llamados también sistemas caóticos.

Resumiendo: las explicaciones en ciencia pueden ser lineales (las menos), no lineales exactas o no lineales caóticas.

¿Lloverá mañana en el canal? Edward Lorenz

Cuando las fuerzas aliadas estaban a punto de desembarcar (6 de junio de 1944) en las playas de Normandía, para iniciar la batalla por la liberación de la Francia ocupada y el ataque definitivo al corazón del Reich alemán, había algo que preocupaba más al estado mayor anglonorteamericano que las tropas alemanas apostadas en el llamado muro del Atlántico; el estado del tiempo el día de la invasión (día D) que de ser tormentoso, podría dar al traste con el lanzamiento de las divisiones de paracaidistas detrás de las líneas germanas, imposibilitar el crucial apoyo aéreo e imposibilitar a las naves de desembarco acercarse a las costas.

Hasta el último minuto los meteorólogos del estado mayor cruzaban los dedos y oraban en silencio para no equivocarse.

Uno de aquellos meteorólogos improvisados era Edward Norton Lorenz (1917-2008), que curiosamente solo había estudiado matemáticas en el Dartmouth College y en Harvard, hasta que se alistó en la fuerza aérea norteamericana en 1942.

Los ruegos fueron escuchados y el clima, aunque desapacible y con lluvia y un oleaje bastante fuerte, no impidió los grandes desembarcos aliados.

Lorenz, al licenciarse en 1946, decidió entonces estudiar seriamente la meteorología; su formación matemática chocó muy pronto con el concepto de sistema lineal que predominaba por aquella época en las ciencias de la atmósfera.

Pensando por su cuenta pero con mucho rigor analítico, estableció que algunos sistemas, como el tiempo atmosférico, tienen límites de predicción muy cortos debido a su no linealidad.

Hoy vemos claramente la lógica de esta afirmación, pero hace 65 años parecía una herejía.

En 1963 describió el flujo determinístico no periódico, que en primera instancia no parece presentar grandes complejidades, pero que al desarrollarlo matemáticamente establece un patrón de complejidad casi infinita al que se denominó "atractor de Lorenz".

En 1969 describió lo que él llamó "efecto mariposa".

Había parido la teoría del caos, aunque tal nombre se lo puso el matemático norteamericano James Yorke en su libro (1975) "Period three implies chaos".

Se ha contado muchas veces la anécdota en la que Lorenz, intentando acortar un trabajo aburrido de análisis de variables atmosféricas comenzando cada nuevo cálculo en la mitad del anterior (las computadoras eran muy lentas entonces), salió de la estancia a tomarse un café, y al regresar, descubrió con sorpresa que la máquina estaba dando unos datos completamente diferentes a los que obtenía cuando contabilizaba el período completo.

Este hecho le reveló, con una mirada, que un simple cambio en el sistema modificaba completamente el resultado final.

Repitió el experimento muchas veces y de diferentes maneras y así comprendió cabalmente lo que él denominaría "efecto mariposa".

Estas experiencias le llevaron a escribir un libro que sigue teniendo todo su valor hoy día: "Deterministic nonperiodic flow".

Lorenz siguió trabajando y practicando deportes hasta su muerte a los 90 años de edad.

El efecto mariposa

Un viejísimo proverbio chino nos dice: "El aleteo de las alas de una mariposa puede sentirse en el otro confín del mundo".

Hoy se ha vulgarizado a: el aleteo de una mariposa en el desierto de Nevada puede ocasionar un huracán en el océano.

De aquí tomó Lorenz la metáfora de la mariposa para nombrar su "efecto mariposa", que no es más que el muy conocido principio de causa/efecto amplificado en orden ascendente; una pequeña y aparentemente inocua causa, amplificándose, termina por causar un gran efecto.

Veamos un trío de ejemplos:

1- Una sola gota de agua gatilla el derrame de un recipiente lleno con decenas de millones de gotas.

2- "Dadme una palanca y moveré al mundo", se cuenta que dijo Arquímedes de Siracusa (aprox. 287-212 ANE), la que sería una gran metáfora para describir el efecto en cuestión.

3- La fórmula de Einstein $E = mc2$ es quizás la expresión matemática más simple y al mismo tiempo más potencialmente devastadora del efecto mariposa.

Orbitas asintóticas u homoclínicas. Poincare

Vayamos un poco atrás.

En 1854 nació en Francia Jules Henri Poincare (falleció en 1912), otra de esas precoces luminarias de las matemáticas imprescindibles para dotar a las ciencias de su mayor herramienta.

Siempre se le cita por su colaboración con Einstein y Lorentz en los cálculos de la teoría de la relatividad especial, las ecuaciones covariantes de gravitación (ecuaciones de campo) que tanto ayudarían a Einstein a conformar la teoría de la relatividad general, la fundación del álgebra de la topología y sus grandes aportes a la teoría cualitativa de las ecuaciones diferenciales.

Pero no se le da mucha importancia a su "problema de los tres cuerpos" (1888) que ideó para un concurso patrocinado por el rey de Suecia.

Poincare explica en su problema que cuando hay tres cuerpos celestes interactuando entre sí, -digamos que el Sol, la Tierra y la Luna-, una variación mínima en la posición inicial de cualquiera de ellos, llevará con el tiempo a una situación completamente diferente a la prevista en los cálculos iniciales, situación que solamente podrá ser corregida con instrumentos de medición capaces de detectar esas pequeñas variaciones, instrumentos con los que no se contaba en aquel momento.

A esas órbitas interactuantes de medición compleja él las denominó "doblemente asintóticas", pero algún tiempo después las llamó "homoclínicas".

Ahí estaba el núcleo de la teoría del caos aunque para la mayoría de los investigadores el hecho pasó inadvertido entonces.

Henri Poincare, al que injustamente nunca se le dio el Premio Nobel, nos dejó una frase que es todo un reto:

"El azar no es más que la medida de la ignorancia del hombre".

¿Cuánto mide la costa de Inglaterra?

¿Cuánto mide la costa de Gran Bretaña?

Esta pregunta, aparentemente fácil de contestar consultando un libro de texto de geografía, cambió la manera de pensar de muchos matemáticos y físicos en el mundo cuando fue propuesta como encabezamiento de un original informe publicado en la revista Science (1967) por el matemático polacofrancés, luego nacionalizado norteamericano, Benoit Mandelbrot (1924-2010).

Su tesis consistió en lo siguiente:

La longitud de la línea fronteriza de cualquier país, salvo que sea una línea recta, depende de la escala de medida utilizada, y lo prueba; si la escala es de 10 kilómetros, la costa de la isla inglesa tendrá una magnitud diferente a si la escala es de un kilómetro.

En este artículo temprano, pero muy revelador, Mandelbrot aún no menciona los fractales, pero lo hará en unos pocos años más.

La filosofía matemática básica de Mandelbrot es que la naturaleza no está constituida por líneas, círculos, planos, superficies sólidas, cuadrados, rombos y otras figuras geométricas, sino por rugosidades, picos, filos, anfractuosidades, huecos, bordes serrados y miles y miles más de configuraciones bastante indefinidas, o casi siempre muy indefinidas.

En una palabra, la fractura es la regla, no la línea recta, y por eso a las teorías de Mandelbrot se les denominó matemáticas de fractales.

Lo increíble, es que una tarea de cálculo que parece monumental, se reduce a la fórmula $z1 = z02 + c$, pero, y aquí el pero es importantísimo, repitiendo la formulación miles o millones de veces, -lo que llevó a Mandelbrot a utilizar la computación desde los años sesenta-, con lo que se obtienen imágenes, proyectadas en pantallas, que suelen ser de una gran belleza plástica, y que describen la forma real, y cambiante, de una montaña, una explosión atómica, un valle intramontano, una nube, un campo de batalla, el fondo marino, una nevada, las fluctuaciones de la bolsa de valores, una supernova e infinidad de sucesos y cosas que componen el universo, la naturaleza y la sociedad humana real.

Con Mandelbrot ya entramos de lleno en relación con los hombres que han hecho del estudio del caos su razón de ser científica.

En justicia, debe mencionarse aquí al argelino Gaston Julia (1893-1978) que fue el pionero del concepto de fractal, pero que por diversas razones, entre ellas el no contar con sistemas adecuados de cálculo, avanzó relativamente poco en este campo.

Uno de los terrenos más controvertidos de las matemáticas de fractales, -y que tomó por sorpresa a muchos astrónomos-, es el de la cosmología.

Si se demostrara que el universo conocido, aproximadamente 300 millones de años luz en todas direcciones, es fractal y no homogéneo como se ha considerado siempre, podría ponerse entonces en duda el modelo clásico del Big Bang.

Termodinámica y tiempo

La conocida segunda ley de la termodinámica se ha expresado de muchas formas.

Una enunciación sencilla sería: "todo cuerpo caliente cederá una parte de su calor a un cuerpo más frío que este en contacto con él, hasta que ambas temperaturas se igualen".

Así se estudia en la enseñanza primaria. También nos explican en los estudios básicos que a medida que las dos temperaturas se igualan tiende a crecer el desorden molecular en ambos cuerpos, fenómeno al que se denomina entropía.

La entropía es algo omnipresente y consustancial (hasta donde sabemos) al universo, y requiere de una gran cantidad de energía para revertirse.

La entropía hace envejecer al universo y nos hace envejecer a nosotros.

Una casa deshabitada se deteriora mucho más rápido que una habitada porque los moradores inyectan energía, <limpian y desenpercuden, ordenan, viven> a la vivienda.

El orden, que algunos científicos llaman "negentropía" necesita un alto consumo de energía para lograrse y aún más para mantenerse, hecho que podemos apreciar constantemente en la vida diaria, la tecnología, la sociedad, la industria, la biología, la economía, la política y cuanta faceta de la vida y la naturaleza se nos ocurra.

Ylia Prigogine (1917-2003) fue un químico belga, -nacido en Rusia-, que dedicó gran parte de su vida a estudiar la segunda ley de la termodinámica. En 1977 ganó el Premio Nobel de química por sus trabajos sobre las abstracciones que él nombró estructuras disipativas.

¿Qué son estas estructuras?

Son fuentes de orden en sistemas muy alejados del equilibrio, o sea, son zonas de disipación de energía que pueden crear o generar orden, -negentropía-, en sistemas inestables.

La teorización matemática es muy compleja y necesita de las ecuaciones del ruso Lyapunov (1857-1918), -matemático brillante que terminó su vida pegándose un tiro en la sien cuando se le murió la mujer-, y del análisis de la flecha del tiempo, descrita por Eddington en 1927.

Prygogine apunta que es precisamente esta disipación de energía la que da lugar a que el tiempo vaya en una sola dirección, aseveración de muy difícil demostración y sumamente controvertida.

Trabajó también en la demostración del desequilibrio del universo inmediatamente después del Big Bang, hecho, que según él, permitió su existencia.

Las teorías de Prygogine se han discutido extensamente y no todos los físicos están de acuerdo con ellas, pero no se puede estudiar la teoría del caos sin mencionarlas.

Tampoco se puede estudiar el caos sin mencionar las matemáticas de Mitchell Feigenbaum (1944), un fisicomatemático dedicado al estudio de la turbulencia de los fluidos, y que partiendo de aquí demostró sin lugar a dudas la diferencia entre caos determinista y eventos aleatorios, que solían, hasta entonces, ser confundidos.

¿Y qué es un atractor?

Un péndulo se mueve libremente en el aire, excepto por un punto (teórico), que es el que lo sostiene y al mismo tiempo le permite ejecutar su movimiento pendular.

Ese punto es un atractor simple (los científicos le llaman atractor periódico) pues "atráe", mantiene al péndulo unido a su base y le hace fácil y repetitiva la tarea.

La definición clásica nos dice que un atractor es un conjunto, -puede ser un punto, un círculo, cualquier figura geométrica, una superficie fractal, un evento biológico, una conmoción económica, un evento social, un cataclismo político, etc.-, en el que todas las trayectorias cercanas, sean las que sean, convergen.

Los físicos dividen los atractores en periódicos, como el del péndulo, cuasi periódicos y extraños.

Estos últimos son los que se encuentran en los eventos caóticos, (debe quedar claro que los eventos aleatorios no cuentan con atractores), y adoptan configuraciones fractales que requieren de cálculos matemáticos bastante complejos para ser definidos.

En realidad la definición última de atractor es matemáticamente complicada y continúa sometida a debate.

El famoso atractor de Lorenz, que recuerda la figura de una mariposa, se ha empleado como una imagen popular y económicamente rentable en el pop art.

Una característica básica en los atractores de los sistemas caóticos es que son muy sensibles a las condiciones iniciales, o sea, están estrechamente relacionados con el efecto mariposa, y posteriormente, a medida que avanza el proceso, tienden a hacerse impredecibles.

Del caos al caos. Un resúmen

La teoría del caos no sustituye la ciencia convencional; la amplía, la profundiza y le da una nueva dimensión donde operar.

Su función básica es encontrar patrones de orden dentro de sistemas dinámicos muy complejos que antes solían ser confundidos con eventos aleatorios.

Recalcamos que dentro del caos hay patrones de orden que son los que busca e investiga el sistema de ecuaciones matemáticas de la teoría, a diferencia de los eventos aleatorios donde no se encuentra nunca el orden.

En 1993 Kellert definió la teoría del caos así:

"Es el estudio cualitativo del comportamiento aperiódico e inestable dentro de sistemas dinámicos no lineales y deterministas".

Antes del advenimiento de las computadoras, los cálculos repetitivos necesarios para analizar un sistema caótico eran casi imposibles de ejecutar, hecho que nos da que pensar en cuanto al futuro de la ciencia y la denominada singularidad tecnológica.

El efecto mariposa, núcleo de la teoría del caos, tiene cuatro cualidades muy bien definidas:

1- Presenta una extrema sensibilidad a la condición o condiciones de partida.

2- Tiene que poder ser descrito por sistemas de ecuaciones diferenciales no lineales.

3- Es disipativo, o sea, necesita un aporte constante de energía.

4- A medida que se aleja de la condición inicial va perdiendo progresivamente información, hasta que pierde completamente la relación con el estado de comienzo.

Dentro de los sistemas caóticos siempre existen atractores.

Sabemos muy bien que en el clima terrestre hay cuatro estaciones: primavera, verano, otoño e invierno, que son los atractores básicos del sistema climático (existen, claro está, otros), pero no podemos saber con exactitud newtoniana como va a estar este clima mañana, y menos pasado mañana o tres o cuatro días después.

Al nivel actual de conocimientos no se puede aspirar a definir matemáticamente la totalidad de un sistema caótico, solo a contestar preguntas puntuales sobre él.

No sabemos cómo será "absolutamente" el clima de mañana pero si podemos predecir si lloverá mucho o no, si nevará, si será peligroso navegar en una embarcación pequeña, predecir (más o menos) la fuerza de impacto y la trayectoria cercana de un huracán, etc.

A medida que mejoran (y ganan en información) los modelos computacionales predictores de huracanes, mejora la calidad de la predicción de los mismos.

Los fractales, cuyo nombre inventó Mandelbrot, son una parte muy importante de las matemáticas y la geometría del caos, pero no toda la matemática del caos.

Pueden representar innumerables cuestiones que van desde la estructura de una montaña, la rotación de una galaxia o un huracán hasta las variaciones anuales en el precio de una materia prima cualquiera, pero no siempre son aplicables a todas las cuestiones.

Resulta muy interesante, aunque no tema de este libro, el estudio fractal de los límites entre la calma y la catástrofe.

También los fractales han generado una nueva forma de arte geométrico que puede alcanzar una belleza extraordinaria y realmente sorprendente.

La teoría del caos ha demostrado científicamente tres cosas de mucha importancia para diferentes ramas de la tecnología:

1- Que diferentes sistemas no necesariamente se comportan de manera diferente.

2- Que sistemas muy complejos pueden comportarse de manera sorprendentemente sencilla si se emplean las formas, fórmulas y métodos adecuados para estudiarse.

3- Que sistemas en apariencia muy simples pueden comportarse de forma muy compleja, al extremo de ser casi imposible determinar en el tiempo el resultado final de dicho comportamiento.

Esto nos lleva, para terminar, a un antiquísimo proverbio chino:

"Cuando hay desorden bajo los cielos, los problemas pequeños se vuelven grandes y los grandes problemas no se pueden resolver; cuando hay orden bajo los cielos, los grandes problemas se vuelven pequeños y los problemas pequeños no tienen por qué obsesionarnos".

15

¿Es la vida caótica?

Después de las fases cósmica, química y biológica, estamos inaugurando el cuarto acto, el que ejecutará la humanidad en el próximo milenio. Accedemos a una conciencia colectiva de nosotros mismos

Joel de Rosnay

Trabajar en equipo es fundamental; permite siempre culpar a otro

Científico que pidió el anonimato

De todos los pequeños capítulos que componen este libro, este es el que más se adentra en la incertidumbre.

Pongamos el asunto en contexto.

No hay pruebas, hasta el momento, -aunque se buscan estas pruebas afanosamente y puede ser que nos estemos acercando-, de que exista vida, tal y como la entendemos nosotros (basada en los compuestos del carbono), en algún otro lugar del universo conocido que no sea en el planeta Tierra.

Se ha establecido de diferentes formas, y parece ser que con bastante precisión, que la Tierra tiene unos 4500 millones de años de formada, y se supone, -y aquí ya no hay tanto acuerdo-, que la vida apareció sobre su superficie y en sus mares en algún momento de un largo período que va desde casi el principio de la formación del planeta (unos 4400 millones de años) hasta unos 2700 millones de años, que es el momento en que se han recogido pruebas (fósiles y huellas) inobjetables, o relativamente inobjetables, para ser exactos, de su existencia.

Sea el que sea el momento justo, de ahí en adelante la vida comenzó a evolucionar aceleradamente y a hacerse más complicada, más sofisticada, más polifacética y variada.

Y es aquí donde debemos hacer un alto.

Durante siglos se ha discutido si la vida tiene una razón y un fin determinado, en cuyo caso podríamos afirmar que su evolución es lineal, predeterminada, "razonada", o por el contrario, esa evolución es completamente aleatoria, casual, sin ningún fin ni sentido.

En el primer caso habría que recurrir a una fuerza superior a la misma vida que la controle y la dirija; esa sería la explicación religiosa (no importa cual), animista, de la vida.

En el otro extremo, el del sinsentido de la vida, nos limitaríamos a explicar fenómenos y eventos, hechos.

Nada más.

Es aquí donde aparece la teoría del caos y con ella, la posibilidad de una explicación más racional.

Como señalábamos en el capítulo anterior, el caos determinista no es un sinónimo de destrucción, de evento completamente fuera de control y de imposibilidad de predicción; el caos científico (su estudio y sus resultados, claro) es una expansión de la ciencia a terrenos más realistas y donde el reduccionismo, que tanto bien ha hecho a la ciencia a través de su nacimiento e historia, ya no funciona adecuadamente.

El caos practica la interdisciplina, lo que es consustancial a las ciencias biológicas.

A diferencia de la física clásica, en el caos, la reducción de un hecho completo a sus partes constituyentes casi nunca es posible, lo que obliga a estudiarlo como tal.

Piense en un mamífero cualquiera: por razones reduccionistas su estudio se ha dividido entre la química orgánica, la anatomía, la fisiología, la física biológica, la genética, las ciencias del comportamiento, la nutrición, la fisiopatología (si está enfermo), la sociología (si es un humano o un animal doméstico) y un larguísimo etc.

Todo esto sigue teniendo mucho valor, pero obviamente no puede dar una explicación coherente del comportamiento de dicho mamífero como un todo.

La teoría del caos, que no teme enfrentar situaciones no lineales, es probable que en el futuro esté mejor preparada para estudiar este organismo como un todo y predecir ciertos acontecimientos que hoy no tienen una explicación satisfactoria.

Hablamos del futuro porque la teoría del caos es una ciencia de constitución muy reciente y porque en realidad no ha hecho más que dar sus primeros pasos.

La lógica clásica, al igual que la física clásica, y también la biología y la medicina, se mueven por patrones lineales.

El salto de la linealidad a la no linealidad requiere, además de una matemática muy desarrollada y creativa, de sistemas de cálculo cada vez más potentes, -que están oyendo la conversación-, y de cambios en nuestros patrones mentales de pensamiento.

Vivimos en el mundo real, donde las cosas son complejas y la vida es obviamente no lineal, pero nuestros patrones de pensamiento, conformados a través de la escuela primaria, la secundaria y la universidad, la prensa y los medios de divulgación y la propia estructura de la sociedad son esencialmente reduccionistas.

Una posible explicación (dejando claro que no demostrada), para la evolución de la vida, que no sería predeterminada o aleatoria, sería el comportamiento autoorganizativo.

La adaptación al medio circundante y la búsqueda de equilibrio entre la necesidad de cambio y la necesidad de orden, -propias de los seres vivos-, podrían tener una explicación en lo que los especialistas denominan "borde del caos".

Ese borde del caos sería un lugar o frontera en el que teóricamente existe lucha entre la estabilidad, lo lineal, y la anarquía, lo aleatorio.

Un "Oeste", una frontera en la que los exploradores de la ciencia se están adentrando paso a paso pero sin pausas.

Según algunos, la extinción, -de una especie o grupo humano, por ejemplo-, vendría cuando no se logra obtener el equilibrio, lo que puede ocurrir por defecto de orden (exceso de anarquía) o defecto de anarquía (exceso de orden).

Evidentemente todo lo anterior es muy teórico y por ahora solo nos sirve como un patrón de análisis y una fuente original de ideas (brainstorming).

Un cálculo muy difícil de llevar a cabo, pero que nos da una idea del "desastre" que ha sido la evolución sería el de las especies que han desaparecido de la faz de la tierra en el transcurso de estos millones de años.

Inmediatamente todos pensamos en los dinosaurios, en los mamuts, en los tigres dientes de sable y en los neandertales, pero en realidad han desaparecido de nuestro planeta centenares de miles de especies, o quizás decenas de millones, sobre todo si tenemos en cuenta los seres microscópicos, los animales marinos, las aves y los insectos.

En cualquier costa rocosa encontramos fósiles de trilobites, pero los trilobites desaparecieron hace millones de años, y así ha ocurrido con millones de especies.

Aunque no sea políticamente correcto hacerlo, nos viene a la mente el siguiente comentario.

Vemos personas y grupos de activistas luchando por evitar la extinción de una determinada especie, -las ballenas o los armiños, por ejemplo-, y sin embargo, sin la menor participación del hombre y sus calamidades, la propia naturaleza se ha encargado de borrar, salvo quizás en sus esqueletos fosilizados, millones de especies.

Y también, para ser aún más provocadores, el plasmodio productor de la malaria es tan especie como una ballena, por lo menos desde el punto de vista estrictamente biológico, pero todos estamos de acuerdo en eliminarlo para siempre.

¿Qué ocasionó la desaparición masiva, sobre todo de reptiles gigantes, pero también de muchísimas otras especies de animales y plantas en el denominado límite rocoso K-T, descubierto por el Premio Nobel de física Luis Walter Alvarez (1911-1988)?

No lo sabemos a ciencia cierta, aunque la teoría del meteorito de Chicxulub es tentadora y tiene asideros científicos bastante sólidos.

De haber ocurrido así, el proceso caótico de evolución de todas estas especies se vio desestabilizado, cortado de cuajo más bien, por un evento aleatorio; el impacto y la explosión subsiguiente de un meteorito gigante en la zona que hoy ocupa el Golfo de México y la Península de Yucatán.

Pero otros investigadores no están de acuerdo con esta teoría; sencillamente plantean que los cambios progresivos que hacen decaer a ciertas especies, -en realidad a casi todas si no a todas-, y las transformaciones del propio planeta: glaciaciones, desplazamientos de masas continentales, actividad volcánica, cambios climáticos bruscos, etc. son las que acabaron con los dinosaurios y sus congéneres, tal como se han ido extinguiendo otros millones de especies.

Llegamos, inevitablemente, a la evolución de las especies.

La evolución, como tal, en el sentido de cambio y aparición de nuevas especies es inobjetable.

Defender hoy, a la luz de la realidad y la evidencia "teorías" como el creacionismo, que hipotéticamente, en seis días, puso de golpe a todos los seres vivos en el planeta (incluyendo los fósiles fosilizados) hace unos 5000 años, es poco menos que un chiste de dudoso gusto.

La que si admite discusiones, dejando en claro que fue una concepción intelectualmente genial, es la teoría de la evolución de Charles Darwin.

Esta teoría debe cumplir tres requisitos:

1- Debe existir una variabilidad sostenida.

2- Debe haber un mecanismo de transmisión de esa variabilidad (reproducción y herencia).

3- Un filtro, al que Darwin denominó selección natural.

Darwin no fue capaz de desarrollar adecuadamente los dos primeros.

Tenía el intelecto pero no los medios técnicos ni la ciencia podía ofrecerle mucha ayuda en el nivel de desarrollo de aquella época.

Con el tercero le fue mucho mejor. Darwin veía la evolución como un hecho y nada más; no creía que la evolución tuviera una finalidad, buena o mala; simplemente ocurría y punto.

La genética, que aunque nos parezca extraño no era del agrado de los darwinistas fieles a su maestro, fue la que permitió redondear completamente la teoría de la evolución (síntesis evolutiva moderna) y es la que eventualmente cambiará el proceso de desarrollo de las especies existentes, esta vez intervenido por el hombre.

¿Quién lo diría?

Podemos convertirnos (ya nos estamos convirtiendo) en "predeterminadores" de la evolución.

El genetista norteamericano Craig Venter, jefe de uno de los equipos que decodificaron en tiempo record el genoma humano, está empeñado ahora en fabricar petróleo a partir de bacterias.

¿Lo duda?

Arthur Taylor Winfree (1942-2002) fue un biólogo norteamericano al que le gustaban mucho las matemáticas.

Esa habilidad lo llevó a interesarse por procesos biológicos que tenían un elemento repetitivo muy marcado: los llamados ritmos circadianos, los latidos del corazón, la transmisión nerviosa, las descargas cerebrales de la epilepsia y otros.

En 1967 Winfree escribió un artículo para una revista científica en el que hacía una descripción matemática de lo que él denominó osciladores biológicos.

¿A qué se refería?

Pongamos de ejemplo una colonia de grillos. Cuando están aislados, los grillos producen su tan conocido ruido de una manera estocástica (aleatoria), pero cuando la colonia se junta el ruido comienza a ser coordinado.

Oscilación biológica es el fenómeno mediante el cual un grupo de elementos semejantes pero no necesariamente conectados físicamente actúan de consuno, o sea, se coordinan mediante un mecanismo desconocido.

Las respuestas neuronales rápidas en los mamíferos, sobre todo en los humanos, tienen muchos elementos de manifestaciones oscilatorias biológicas.

Winfree se dio cuenta de que este fenómeno tenía cierto paralelismo con las respuestas de fase de la termodinámica, lo que hizo a su vez que algunos físicos se interesaran en el problema.

Hoy en día, las ideas de Winfree han tenido más desarrollo en el estudio matemático estadístico de los sistemas dinámicos y autoorganizados de interés en física que en la propia biología.

James Ephraim Lovelock (1919) ha ido mucho más lejos.

Químico de renombre mundial e inventor, ha dedicado más de la mitad de su larga existencia a defender su hipótesis de que la vida, toda la vida, regula el planeta Tierra para autoconservarse.

Se trata de la famosa "Hipótesis de Gaia".

El nombre Gaia, diosa griega de la tierra, le fue sugerido a Lovelock por el escritor inglés y Premio Nobel de literatura Sir William Golding (el autor de "El señor de las moscas") y la bióloga norteamericana Lynn Margulis, recientemente fallecida, ha tenido mucho que ver en la fundamentación científica de la hipótesis.

En la primera década del siglo XIX, Henrich Steffens escribió que el planeta Tierra era un ser vivo compuesto por distintos órganos, pero aquello no fue más que un símil sin apoyo científico de ningún tipo.

Lovelock y sus adeptos, que son muchos, no han dicho tal cosa, por el contrario, ellos lo que plantean es que la vida, la biomasa del planeta, progresivamente ha ido cambiando las condiciones reinantes para autoprotegerse y autoregularse.

Ponen infinidad de ejemplos pero uno de los más sugestivos es la estabilidad de la tasa de oxígeno atmosférico (21%) y del dióxido de carbono (0.03%) en la atmósfera, lo que se logra por el trabajo de billones y billones de bacterias y plantas.

En 1983, Lovelock y Andrew Watson crearon lo que se dio en llamar "Daisy World" (Mundo de margaritas), una metáfora de florecillas amarillas y negras que se van equilibrando, -unas captan más calor que las otras-, para dirigir el mundo hacia la estabilidad.

La hipótesis de Gaia, aunque no demostrada como un hecho científico, tiene mucho sentido, y sobre todo, es la base más coherente de la defensa de la biodiversidad (hacen falta tanto las margaritas amarillas como las negras) y del señalamiento de que son los humanos los que, paradójicamente, pueden hacer más daño al planeta y a sí mismos.

La "ecología profunda" es un desprendimiento, mucho más radical, de la hipótesis de Gaia, y se adentra más en el terreno de la política y los movimientos "verdes" y "antiglobalización".

La teoría del caos puede, y debe, ofrecer enfoques novedosos y soluciones a problemas de las ciencias biológicas y de la medicina y fisiología humanas, pero en realidad sus aportes, hasta ahora, son muy limitados.

A diferencia del mundo físico de lo infinitamente pequeño, <partículas subatómicas y teoría cuántica>, o del mundo físico de lo infinitamente grande, <cosmología, astrofísica y relatividad>, donde las materias, aunque complejísimas, se adaptan mucho mejor al análisis matemático y a la parametración estadística, la biología continúa adoleciendo de grandes segmentos con relativamente poca información y dificultades para la aplicación de fórmulas matemáticas adecuadas.

El cuerpo humano, por poner un ejemplo, tiene sistemas lineales fáciles de comprender: una disminución del calcio, por pérdida en la vejez o dificultad en la absorción, puede producir fracturas óseas.

Pero son los menos. La biología es esencialmente no lineal, determinista y caótica.

Por eso es que desconocemos tanto sobre ella.

La especialización: genética, cardiología, cirugía, enzimología, psicología, imaginología, etc. ha sido tremendamente exitosa desde los primeros "físicos" griegos y romanos hasta hoy, pero es evidente que se necesita un enfoque más integrado y coherente del ser vivo.

Y esa toma de conciencia científica ya está ocurriendo.

16

¿Y la economía?

¡Sería estupendo que a los economistas se les considerara como personas humildes y competentes, igual que a los dentistas!

John Maynard Keynes

Cada cuál es víctima de algún otro

Anónimo deprimido

Un hombre con un reloj sabe qué hora es; un hombre con dos relojes nunca estará seguro de que hora es.

Este adagio, un poco irónico, al que denominan Ley de Segal, encierra una gran dosis de sabiduría popular.

Si multiplicamos los relojes, pues cada vez menos posibilidades tendrá nuestro hombre de obtener una hora a la que considerar exacta, -recuérdense las películas de guerra en la que todos los soldados ponen sus relojes en la misma hora del reloj del jefe-, y eso es lo que suele ocurrir con la bolsa de valores y la economía en general.

Muchos relojes y no hay un jefe con un reloj al que seguir. Muchas cifras, poca certeza.

Economía, entendiendo por tal el dinero y sus movimientos, la contabilidad, la recolección de impuestos y peajes camineros, la emisión de bonos y pagarés del tesoro, las aduanas, las ofertas y demandas del mercado, el crédito, las tasas de interés y otros muchos aspectos, ha existido desde los albores de la civilización urbana, pero el estudio de la misma como una ciencia "exacta" es muy reciente.

Los historiadores suelen considerar al escocés Adam Smith (1723-1790), autor del tratado "Investigación sobre la naturaleza y causas de la riqueza de las naciones", como el primer economista sistemático y objetivo.

Se ha dicho que Smith es parcial al asumir posiciones antimercantilistas (el mercantilismo era predominante entonces / 1776) y a favor del libre mercado, hecho que él mismo aceptó, pero dejó claro que siempre y cuando exista un marco legal adecuado para su desarrollo.

En un atisbo de la gran carga psicológica, -y hasta mística-, que sin la menor duda tiene la economía, Smith habla de "la mano invisible del mercado".

Después vino el londinense David Ricardo (1772-1823), un empresario exitoso y muy bien relacionado con las altas esferas de la City, dotado de una mente aguda y una formación científica bastante buena para la época.

Intentó introducir el cálculo y la formulación matemática en algunos sectores del quehacer económico, además de dar forma al librecambismo, que marcó toda una época.

El alemán Carlos Marx (1818-1883), que pasó casi toda su vida encerrado en la inmensa biblioteca del Museo Británico, en Londres, trabajando sobre las obras de Smith y Ricardo, devorando libros y documentos de todo tipo, mezclando elementos de filosofía hegeliana y de utopismo francés, para crear un monumento a las palabras, muy poco leído, -incluso por los que se vanagloriaban de haberlo hecho-, y sumamente citado: El Capital, un mamotreto de tres tomos (los dos últimos editados, y escritos en parte, por su protector, Federico Engels, después del fallecimiento de Marx) que tenía bastante poco que ver con el mundo humano real, y que, sin embargo, sirvió de pretexto teórico para construir, ya en el siglo XX, uno de los "ismos", el comunismo, que facilitó la llegada al poder de personajes como Lenin, Trotsky, Stalin, Mao Tse Dong, Cecescu y su esposa, Kim Il Sung y su hijo, Pol Pot y sus "asesores", Fidel Castro y su hermano menor y toda una pléyade de "camaradas primeros secretarios", verdaderos propietarios del partido de los "proletarios".

No obstante, debe decirse que Carlos Marx hizo aportes a la economía que aun deben ser tomados en cuenta.

Los "marginalistas", -Menger, Stanley Jevons y Leon Walras-, con su concepto de la utilidad marginal (desarrollado matemáticamente por el francés Walras), abren el camino al enfoque verdaderamente moderno de la economía.

De aquí en adelante surgen diferentes escuelas, muchas de ellas interesadas solamente en aspectos muy particulares del proceso económico, como la utilidad, la distribución, los costes sociales, el monetarismo, etc.

Como en toda (pretendida) ciencia, la economía inicia el proceso de que sus especialistas sepan cada vez más de cada vez menos.

Hasta el gran descalabro de 1929, el análisis económico mantiene un grado bastante alto de homogeneidad, aunque diferentes puntos específicos son siempre tema de debate.

La excepción es la Rusia de la Revolución Bolchevique (1917 y siguientes), que después de poner en práctica una economía de guerra que llevó la producción y el consumo a niveles de miseria generalizada, se ve obligada, dirigida por Lenin (1870-1924), a poner en práctica la NEP (Nueva Política Económica), una mescolanza de comunismo, capitalismo de estado y neocapitalismo basado en la corrupción más descarnada, que habría de permitirle al gobierno sortear la guerra civil y entronizarse definitivamente en el poder por los siguientes 74 años.

En 1936 se edita "Teoría general sobre el empleo, el interés y el dinero" del economista, nacido en Cambridge, John Maynard Keynes (1883-1946), que cuestiona axiomas de la economía clásica y se hace diferentes preguntas sobre la oferta y la demanda, que en algunos casos, ni él mismo pudo contestar con acierto.

Se ha señalado que la obra de Keynes fue un producto de la reacción a los grandes errores que condujeron al crack del 29 y la gran crisis económica posterior.

El keynesianismo, aunque tiene aspectos positivos para la economía social, no tomó en cuenta que se convertiría en un pretexto "científico" para la corrupción, sobre todo en las sociedades de "acceso limitado" (aquellas con un férreo control gubernamental), y no tanto en las de "acceso abierto" (menos poder gubernamental), según la clasificación del Premio Nobel de economía Douglass North.

Pero también el keynesianismo, de la mano de economistas como Joseph Stiglitz y Paul Krugman, ambos Premios Nobel de economía, ha demostrado su valor en los debates sobre el manejo de la crisis económica que comenzó en el 2007/2008.

La Segunda Guerra Mundial transformó el mundo de muchas maneras: arrodillando, por un tiempo, a Alemania y Japón; convirtiendo a Francia e Inglaterra en potencias de segundo orden; exaltando la tecnología a niveles que, de aquí en adelante, ya no dejarían de ascender exponencialmente; imponiendo a los Estados Unidos como la primera potencia militar y económica del planeta y a la Unión Soviética como su rival.

Y este reajuste, el de consecuencias más inesperadas y totalizadoras desde el descubrimiento de América, trajo también la Guerra Fría, que aunque tuvo sus momentos calientes: <Corea, Viet Nam, las crisis de Berlín y el muro, las invasiones de Hungría y Checoslovaquia "justificadas" por el Tratado de Varsovia, las guerrillas latinoamericanas, las guerras africanas, Bahía de Cochinos y la subsiguiente crisis de los cohetes en Cuba, etc.> fue esencialmente una guerra económica de gran magnitud, librada en laboratorios y fábricas de armamentos (por suerte muchas de ellas nunca fueron empleadas), industrias de todo tipo, diseños de automóviles, campos deportivos, espectáculos artísticos, revistas de modas y periódicos de gran tirada, radio y televisión, almacenes por departamentos y tienditas de frutas, sputniks y viajes a la Luna.

En fin, todo lo que a usted se le ocurra, que terminó con la implosión (la perplejidad de la CIA ante la evidencia del acontecimiento fue antológica) de la URSS y varios de sus satélites europeorientales, otorgándole así al mercado libre, y a la democracia, una victoria que no siempre ha sabido administrar cumplidamente.

La economía trató, y trata, de hacerse más "científica": matemáticas aplicadas, econometría, cálculo, análisis estadísticos, modelos dinámicos, programas cibernéticos, etc.

Desde 1969 el comité de los Premios Nobel instituyó el de Economía; en realidad lo instituyó el Banco de Suecia para celebrar los 300 años de su fundación pero lo administra y decide el comité de los Nobel.

Un hecho interesante es que la familia de Alfred Nobel, y otras personalidades, han cuestionado públicamente el premio, -que no creó el fundador-, entre otras cosas porque muchos no consideran a la economía una ciencia.

Nuestra opinión, y no somos economistas, es que la economía se asemeja más a ciencias muy inexactas: la psicología, las ciencias políticas, la meteorología, la medicina clínica, y otras.

En el párrafo anterior no mencionamos por gusto la psicología; para muchos analistas e investigadores la economía es la ciencia, -inexacta, pero ciencia al fin-, que más estrechamente se relaciona con la psiquis humana y con los intrincados recovecos de la conducta y el comportamiento de las personas.

Para otros, a veces también la economía recuerda a las pseudociencias, y de hecho, ¿cuántos corredores de bolsa usan el Tarot o la astrología al tiempo que leen las cifras de Bloomberg? Un poco de ciencia y un poco de locura.

Los ejemplos hacen legión.

Entre 1620 y 1637 ocurrió en Holanda un fenómeno extraño e inusitado, que visto con los ojos de hoy adquiere una connotación premonitoria. Hubo varios culpables, pero el principal fue un insecto parásito al que llamaban pulgón.

Los holandeses no podían saber que el pulgón servía de reservorio y vector a un virus, -el tulip potyvirus-, que al infectar el bulbo del tulipán producía coloraciones y decoloraciones aleatorias en la flor, lo que las hacía diferentes unas de otras y con pintas y dibujos que podían resultar muy bellos y decorativos, pero sobre todo, irrepetibles.

En resumen, una rara enfermedad vegetal que producía belleza (para los humanos, se entiende) en lugar de fealdad y deterioro.

Pues bien, los tulipanes que se daban, y se dan, muy bien en los Países Bajos, comenzaron a subir de valor, llegando a alcanzar, los más exóticos, precios verdaderamente sombrosos para las equivalencias de la época: un bulbo de tulipán a cambio de una casa de vivienda o miles de libras de trigo o mantequilla.

La espiral crecía y hubo un momento en que había más inversores potenciales que bulbos coloreados disponibles, o sea, más demanda que oferta.

Fue entonces que la creatividad humana demostró su poder, inventando el windhandel o "negocio de aire" (¿les suena conocido?), que no era más que el actual mercado de futuros.

Se hacía una nota de crédito sobre un bulbo de tulipán que aún no había nacido y esa nota se vendía y se volvía a vender innumerables veces, cada vez a mayor precio.

El 6 de febrero de 1637 la inmensa burbuja estalló y Holanda fue a la quiebra.

Los tulipanes volvieron a ser lo que siempre fueron, flores bonitas y bastante corrientes, y lo siguen siendo hasta el día de hoy.

Aunque economistas de muy alto nivel académico han estudiado profundamente las burbujas financieras, solamente dos cosas pueden afirmarse con bastante seguridad:

1- Que son impredecibles, apareciendo incluso en mercados muy sofisticados y con personal dotado de las más altas calificaciones y pensamiento supuestamente racional.

2- Se cumple en ellas la "ley del más tonto"; un tonto compra una cosa y se la vende por encima de su precio a uno más tonto que él; este repite el proceso y así sucesivamente hasta que el último, que es el tonto más tonto de todos, no encuentra a otro tonto a quien vendérsela. Fin. Crash de la burbuja.

Lo fascinante de la ley del más tonto es, que hasta que aparece el último de los tontos, todos los anteriores han ganado algo.

Y es en esa ganancia de los "primeros tontos" donde está la parte más obscura de las burbujas.

Lo que Knaup, Schiessl y Seith han llamado el guión de la burbuja:

Los inversores perdieron la brújula en la burbuja de las punto.com por el cuento de la nueva economía, en la burbuja de las hipotecas basura la historia de que las viviendas jamás perderían su valor, en la burbuja de los alimentos básicos el miedo a quedarnos sin comida y así sucesivamente.

Cuando analizamos con detenimiento estos "guiones de burbujas" y oímos hablar de los suculentos bonos de despido de algunos CEO corporativos, nos queda un cierto mal sabor a que hay diferentes tipos de "tontos".

En el siglo XVI, un financiero británico, Sir Thomas Gresham, observó que en cualquier transacción, la gente prefería pagar con la moneda que menos valor tuviera, y guardar, por ahorro o avaricia, la de más valor.

A fines del siglo XIX los economistas clásicos denominaban a ese comportamiento "ley de Gresham", y la formularon de forma más complicada, lo que es propio de los economistas y en general de todos los científicos.

Visto así, parecería que la gente es, en general, ahorrativa, sensata y precavida, pero otro economista, el norteamericano de ascendencia noruega Thorstein Veblen (1857-1929), fundador de la escuela institucionalista, dio a la imprenta en 1899 un libro, "Teoría de la clase ociosa", considerado hoy como el primer estudio serio sobre el consumismo, en el que plantea, de manera bastante sarcástica, asuntos que periódicamente, sobre todo en las crisis económicas, cobran actualidad y visibilidad: el consumo ostensible, la emulación pecuniaria, la curiosidad ociosa, la búsqueda de status, la mujer trofeo, el efecto vagón, etc.

Básicamente, la investigación de Veblen intenta demostrar que por razones ancestrales que están en la mente de los hombres desde épocas primitivas, existe un interés psicológico que va contra la teoría de la oferta y la demanda, a saber, mientras más caro e inútil es un objeto, más dispuesta está a pagar por él una persona (que pueda pagarlo, claro está).

A estos productos se les denomina "bienes de Veblen" y la lista es hoy muchísimo más larga que la que él pudo compilar en el último año del siglo XIX.

Veblen ponía como ejemplos la cubertería de plata, los diamantes y el golf. Hoy la lista sería enorme, desde la ropa de diseñador hasta los automóviles deportivos de lujo, pasando por los relojes de marca y los jets privados.

Con los ojos actuales, un bien de Veblen debe estar "in", o sea, de moda, y los cambios en las modas a veces pertenecen al mundo más profundo del inconsciente colectivo (o a la media).

Los comportamientos incomprensibles en economía a veces son más comunes que las actitudes racionales.

El "culto a la carga" era la adoración mística por parte de los indígenas a los barcos y aviones que descargaban alimentos y bienes de consumo para los colonialistas, y, generalmente, no para ellos.

La teoría bastante extendida de que un político rico no robará, pues ya tiene dinero, o, si supo hacer dinero para él, lo hará también para la población que representa.

La falacia de ambigüedad por división, mejor conocida por los economistas como falacia ecológica, es una forma estadística de mentir, -no siempre con el ánimo de engañar sino por simple ignorancia-, que consiste en confundir cifras; se explica mejor con ejemplos.

Veamos. Los países del bloque oriental solían ganar muchas medallas olímpicas; la falacia sería que las poblaciones de esos países tenían un mayor desarrollo físico, lo que no era cierto, simplemente se escogían a los atletas con mejores posibilidades y se entrenaban en escuelas especiales, dejando al resto de la población, que era la enorme mayoría, las pocas instalaciones deportivas restantes.

Después de los juegos olímpicos de Beijing se filtraron informaciones sobre la forma despiadada de entrenar a los atletas chinos.

Otro ejemplo muy ilustrativo:

Cerca de Madrid se encuentra el Valle de los Caídos, enorme e impactante monumento excavado en la roca granítica, dedicado a los muertos en la Guerra Civil (1936-1939).

Visto así parecería que este mausoleo rinde homenaje a "todos los muertos de la guerra" pero en realidad solo se hizo, con trabajo semiesclavo de los prisioneros del bando republicano, para conmemorar las bajas del bando nacional (franquista), por lo que algunos españoles le llaman el "Valle de la Mitad de los Caídos".

La curva de Laffer, empleada como argumento por los "economistas de la oferta" (supply-siders) de la era Reagan demuestra como una subida de los impuestos (taxes) produce una caída de la recaudación fiscal gubernamental, debida, según ellos, a que la gente prefiere ganar menos con tal de pagar menos impuestos, -o esconden el dinero y delinquen-, hecho, que aunque no tiene lógica, se aviene con la conducta humana.

Debe decirse que la curva de Laffer ha sido impugnada, con argumentos razonables, por los keynesianos después de la crisis del 2008 y los debates económicos alrededor de la deuda entre el gobierno del Presidente Obama y el Congreso de mayoría republicana.

La prima de riesgo es el dinero extra, el sobreprecio que los inversores piden, exigen, por comprar deuda de un país cualquiera usando como referencia la de otro país que se supone fuera de riesgo.

A primera vista tiene sentido pero en la práctica actual no es infrecuente que el país de referencia termine dando bandazos económicos: déficits inmensos, desempleo fuera de control, problemas políticos, etc. que acaban por prácticamente invertir los riesgos.

La prima de riesgo es más una muleta psicológica que una realidad matemática.

El analista de valores de bolsa John Dorfman, en un interesante estudio sobre las acciones de bolsa que los brokers aman u odian, llega a la conclusión que las más odiadas, -supuestamente las que no deben ser recomendadas a los clientes-, se comportan mejor en los siguientes 12 meses que las acciones amadas, -las que si son recomendadas-.

Dorfman ofrece diferentes explicaciones al fenómeno pero llega a la conclusión de que el mundo bursátil es incomprensible y en general impredecible.

Existen centenares de libros y cursos para enseñarle a usted a jugar, y ganar, en la bolsa de valores, pero muy pocos le dicen que el comportamiento de las bolsas está, en la práctica, en las manos de los llamados institucionales:

Fondos de inversión, fondos de pensiones, fondos soberanos y fondos de alto riesgo (hedge funds) que manejan cifras difíciles de imaginar por un mortal común y corriente.

Un bien de Giffen, aunque parezca increíble, es un producto que mientras más eleva su precio más se consume, y no por los mecanismos de los bienes de Veblen.

El evento sería más o menos así: el precio del pan se eleva y con él todos los demás productos básicos, entonces cada vez hay menos dinero y el pan sigue siendo, aunque más caro, el alimento que más llena los estómagos y aplaca el hambre, por lo que se compra más.

La paradoja de Jevons afirma que las mejores tecnologías terminan por incrementar el gasto de recursos; lo estamos viendo con el empleo masivo de pantallas planas, laptops, tabletas y tecnología laser de copias.

Debería bajar el consumo de electricidad pero en la práctica ocurre lo contrario.

Podríamos seguir citando ejemplos de la irracionalidad de la economía, que no es más que un reflejo de la irracionalidad del comportamiento humano.

En su libro "Free market madness" el profesor de la Universidad de Ann Arbor, Michigan, Peter A. Ubel explora con acierto y buen humor lo que llama "tics" de irracionalidad, que hacen a las personas jugarse el salario en un casino, comer helado hasta reventar o comprarse una casa que no pueden pagar.

Sin embargo, la teoría del caos, que ya comienza a aplicarse a la economía, puede encontrar nodos de orden debajo de todo ese desorden aparente.

Ojalá así sea.

Una postdata biológica

El advenimiento en las dos últimas décadas de las técnicas de recolección de imágenes cerebrales en tiempo real, -tomografía axial computarizada (TAC) móvil, resonancia magnética nuclear (MRI) activa, scanners de emisión de positrones y sus variantes-, más los estudios sobre transmisores nerviosos químicos, han permitido vislumbrar el funcionamiento del cerebro en personas vivas y activas, contribuyendo a crear mapas de actividad y respuesta cerebral frente a innumerables situaciones, comunes unas y no tan habituales otras, pero todas propias de nuestra vida consciente e incluso inconsciente.

Pues bien, la conducta del hombre común frente al riesgo y la posible ganancia ha llevado a algunos investigadores a establecer la hipótesis de la "ilusión del dinero", que es una forma ilógica, pero muy común de pensar, que se caracteriza por dos síntomas básicos:

1- El cerebro sigue funcionando con un "delay" sobre valores, <mi casa costó $40,000 en 1970 y ahora vale $80,000, por tanto, si la vendo, me gano $40,000>, dejando de lado el hecho inobjetablemente económico de que el dinero ha perdido valor y por tanto la casa vale menos.

2- 2- el cerebro se atiene (y aquí hay elementos que se ven en los jugadores compulsivos y los drogadictos) a la "seguridad" de la ganancia futura: <si invierto en petróleo, que hoy está a $100 el barril, a la vuelta de un año "seguro" que va a estar a $125 o más>.

Pero esto no es una hipótesis; experimentadores neuroradiológicos de las Universidades de Bonn, en Alemania, y del CALTECH han demostrado que estos procesos mentales ocurren principalmente en la corteza ventromedial prefrontal, y con un poco menos de intensidad en el núcleo acumbens y el área tegmental ventral del cerebro.

Como dice Gary Stix en un interesante artículo publicado en Scientific American (julio 2009).

Es muy posible que la corteza ventromedial prefrontal de millones de personas sea la verdadera culpable de la enorme y devastadora burbuja de las hipotecas tóxicas.

EN BROMA Y EN SERIO

17

Bromistas muy respetados. Murphy y asociados

El hombre al que se le ocurre una idea nueva es un chiflado, hasta que la idea tiene éxito
Mark Twain

El que ronca será siempre el que se duerme antes
Marido anónimo

En un libro sobre ciencia, escrito con rigor y datos comprobables más allá de toda duda razonable (como en las cortes norteamericanas), este capítulo puede resultar de muy dudosa moralidad (científica) y hacer patente una cierta falta de credibilidad.

No puede vanagloriarse de mostrar cifras estadísticas confiables ni describir leyes avaladas por elegantes demostraciones matemáticas,

Es más, hasta donde sabe el autor, nadie ha perdido su tiempo en validar matemáticamente las afirmaciones que comentamos; ¡pero caramba, se cumplen y se cumplen casi siempre!

Vamos al mercado y nos paramos en la fila para pagar que no camina; nos cambiamos de fila y entonces la que abandonamos comienza a avanzar; si regresamos a la anterior, tres o cuatro personas han ocupado nuestro antiguo lugar, pero no regresamos porque nos da pena parecer tontos, y entonces la nueva fila no camina y se traba por cualquier causa.

Se cumplen, sí señor, aunque nos duela reconocerlo, se cumplen.

Nos esforzamos y afanamos en la búsqueda de la verdad, del elemento escondido que nos permitirá demostrar nuestra hipótesis, ascender en la escala de valores sociales, ser mejores, y... ¡zas! se recuesta un guasón en el marco de la puerta de nuestra oficina y nos espeta tan fresco:

-"No te tomes la vida tan en serio, de ninguna manera saldrás vivo de ella".

No hay seguridad de que alguien, al fin, encuentre las fórmulas correctas de la teoría del Todo (ya sabemos que el propio Einstein no pudo con ellas), pero si hay la certeza de que no vamos a salir vivos de la vida.

¿Por qué, por qué tienen que tener razón?

¿Por qué la tostada va a caer invariablemente del lado de la mantequilla y la gota de kétchup va a viajar sin remedio a la camisa nueva que estrenamos el día en que invitamos a comer a nuestro jefe para explicarle el plan que probará lo eficaces que somos?

Nadie sabe, pero va a suceder.

Y sucede, aunque de vez en cuando te topas con alguien más serio, y quizás menos crédulo, que apuntándote con el dedo te dice imperiosamente:

-!Nunca, jamás creas en milagros... pero depende de ellos para progresar!

Pues bien, rompamos las reglas e investiguemos algunas cosas sobre este mundo completamente ajeno a la planificación, los cronogramas, la validación estadística, el orden, la linealidad y todo lo que hace de la ciencia, ciencia.

En el peor de los casos, <siempre ocurre lo peor>, encontraremos algo de... sentido común, que como todos sabemos, es el menos común de los sentidos.

De cómo Murphy se negó a sí mismo

Edward Aloysius Murphy (1918-1990) no era un bromista.

Su vida era el ejército de los Estados Unidos y su pasión los aviones. Había nacido en una base naval norteamericana en el Canal de Panamá (igual que John McCain) y para 1940, con la Segunda Guerra Mundial encima, se estaba graduando en la academia militar de West Point.

En aquel tiempo las fuerzas aéreas, que eran el centro de su interés, dependían, como un apéndice, del ejército de tierra.

En 1941 estaba llevando a cabo misiones de combate y entrenando pilotos en Birmania, China y la India, lugares que podían parecer muy exóticos, pero en los que cuando las cosas se ponían difíciles, <y los invasores japoneses se

encargaban diariamente con sus feroces ataques de que así fuera>, solían tomar color de hormiga.

Sobrevivió a la guerra sin un rasguño (con lo que demostró que todo lo que va mal no necesariamente termina mal) y fue a trabajar e investigar al Instituto Tecnológico de la Fuerza Aérea, -que ya había ganado su independencia del ejército en el fragor de la batalla-, ubicado en la base Wright-Patterson, un centro secreto y superespecializado donde se desarrollaban y probaban nuevas tecnologías con fines militares.

Fue en la base aérea Edwards, a la que Murphy fue destinado poco después, en 1949, para trabajar en el proyecto MX981, específicamente estudiando el efecto de las aceleraciones de varias gravedades sobre la salud y el comportamiento de los seres humanos, lo que se hacía en aquel tiempo con vehículos rudimentarios impulsados con cohetes y montados sobre rieles, donde Murphy enunció, molesto con la tarea mal hecha por uno de sus subordinados, la no tan conocida frase de:

-"Si esa persona tiene una forma de cometer un error, lo hará".

La verdad histórica es que Murphy no tuvo la menor intención de acuñar una ley, ni tan siquiera de hacer popular un dicho, -que se fue deformando, sin su participación, hasta quedar en:

"Si algo puede salir mal, saldrá mal"-.

O de ganar notoriedad por esta vía.

El verdadero propagador de la ironía de Murphy fue el ingeniero aeroespacial George Nichols, que en ese tiempo hacía equipo con Murphy y estaba presente cuando ocurrió el anodino incidente entre Murphy y su subordinado.

El hijo de Murphy, entrevistado años después, contó que su padre se quejaba de que la supuesta ley que se le atribuía no era más que una frase trivial y sin ninguna importancia sacada fuera de contexto por el uso y el abuso cotidiano.

A Murphy le parecía desmesurado que esa tontería, producto de un berrinche transitorio, le hubiera convertido en famoso, y hasta trató de buscarle una explicación más acorde con su formación científica, pero pronto descubrió que un rumor propalado es invencible y desistió de continuar dándole vueltas al asunto.

Cuando Ed Murphy fue enviado como oficial a combatir a la guerra de Corea, su "ley" ya había hecho carrera nacional e internacionalmente, y una vez más volvió vivo y sano, contraviniendo el postulado de la misma.

En 1952 se licenció con honores y se fue a laborar a la industria privada, -donde pagaban mucho más, se corrían menos riesgos y donde "todo lo que iba bien, iría mejor", pero sin abandonar sus amadas aeronaves.

Participó en los proyectos de desarrollo del caza de ataque Phamtom F-4 (empleado hasta el cansancio en la guerra de Viet Nam), del famosísimo y espectacular SR-71 Blackbird, proyecto especial de la CIA que se mantuvo en secreto por mucho tiempo, del bombardero B-1 Lancer, también en uso actualmente y del velocísimo X-15.

Después colaboró en el proyecto Apollo de la NASA, y un poco antes de retirarse, en la puesta a punto del helicóptero de ataque Apache, que aún está en servicio a pleno rendimiento.

No puede alegarse que la ley de Murphy le aplicara a él mismo de una manera particular.

Quizás todo lo contrario.

Y de cómo su ley se hizo famosa

Si por el mayor Murphy hubiera sido, la "ley" que lleva su nombre no existiría o sería, en el mejor de los casos, un elemento de lógica estadística perdido en algún sesudo volumen.

Pero la realidad, mucho más fuerte que la voluntad de Murphy, no lo dispuso así.

El capitán Stapp, de la fuerza aérea, fue uno de los conejillos de indias (voluntarios) en las pruebas sobre grandes aceleraciones y comportamiento humano que dirigió el oficial Murphy; en una conferencia de prensa, cuando se le preguntó la razón de su buen estado físico, a despecho de las duras experiencias que había sufrido, lo atribuyó a la "aplicación de la ley de Murphy".

Cuando los periodistas lo interrogaron sobre lo que eso significaba, Stapp contestó que era algo así como tomar en cuenta todas las probabilidades antes de llevar a efecto cualquier experimento con seres humanos, lo que obviamente tiene muy poco que ver con la frase original de Murphy, pero si habla muy bien de sus capacidades como científico e investigador.

En 1955, Lloyd Mallan publicó "Men, rockets and space rats", un recorrido anecdótico acerca de los experimentos con altas aceleraciones y los pioneros en romper la barrera del sonido, en el que menciona por primera vez, en un libro, la ley de Murphy, y la cita así:

"Lo que puede salir mal, saldrá mal".

Que no fue exactamente lo que dijo Murphy, aunque a estas alturas ni el propio Murphy sabía ya con exactitud lo que él mismo dijo alguna vez.

Poco después, el escritor de ciencia ficción Larry Niven publicó varios volúmenes sobre unos humanoides que hacían labores de minería en diferentes asteroides, y que adoraban al dios Finagle y su representante terrenal, el profeta loco Murphy.

Finagle, un dios inteligente pero muy pesimista, establece toda una serie de mandamientos o leyes numeradas, -obviamente inspiradas en las tablas de Moisés-, además de una buena cantidad de corolarios y reglas de conducta:

"si un experimento sale bien, es que algo ha ido mal".

"No importa el resultado, siempre habrá alguien que lo malinterpretará, lo copiará o dirá que fue su idea".

"En cualquier grupo de datos, la cifra que evidentemente es correcta, será la errónea".

"Si pide ayuda, esa persona no verá el error, pero el que mire de pasada sin que usted se lo pida, lo verá inmediatamente".

"Todo lo que usted haga para enderezar un trabajo atascado, lo empeorará".

Y un largo etc. En 1986, el escritor y productor de televisión Arthur Bloch inició la edición de "Murphy's law books" en los que recoge, a su manera, una enorme cantidad de corolarios a la ley de Murphy y crea, o da publicidad, a otras muchas leyes y frases de este tenor.

Es muy probable que Bloch sea el verdadero propagador de la ley de Murphy y todas esas formas de expresión de la sabiduría popular, el sentido común y la mala leche.

El principio de Peter

Laurence J. Peter (1919-1990) fue uno de esos no muy comunes profesores de verdadera y acendrada vocación; ascendió de maestro rural en Canadá hasta jefe de una importante cátedra de pedagogía y especialista en niños con problemas emocionales en la Universidad del Sur de California.

En 1968 publicó su famoso libro "El Principio de Peter", en el que desarrolla la idea de que:

"En cualquier jerarquía, todo empleado tiende a ascender hasta su nivel de incompetencia".

La ley de Peter tiene dos corolarios básicos:

1- El verdadero trabajo es realizado por los empleados que no han alcanzado aún su nivel de incompetencia.

2- Con el tiempo, todo cargo tiende a ser ocupado por un empleado incompetente.

El principio de Peter, a diferencia de la ley de Murphy, si está avalado por un estudio serio, constante y controlado de multitud de casos y experiencias empresariales y docentes.

La historia es prolífica en ejemplos:

La búsqueda de un general combativo y eficaz por parte del presidente Lincoln durante la Guerra Civil, hasta encontrar, después de varios fracasos, a Ulisses Grant, un borrachín repudiado por la gente "decente" pero con una enorme competencia militar.

La incapacidad de los editores en jefe de cuatro grandes editoriales para ver el potencial económico de los libros de la saga de Harry Potter.

El desastre de Donald Runsfeld al frente del Pentágono en las dos presidencias de Busch junior.

El caso Enron.

El declive, hasta desembocar en la quiebra, de la General Motors y la Chrysler.

Y decenas y decenas más.

Qué representan en realidad estas leyes

Todos estos adagios, ideas, dichos, aforismos, wellerismos (del personaje Sam Weller, de Dickens), máximas, refranes, o como se les quiera llamar, son una expresión de la racionalización, más o menos culta, de las realidades prácticas de la vida, conocidas a través de la experiencia vivida y experimentada por innumerables personas, eso que algunos denominan la conciencia colectiva.

No son ciencia, pues no cumplen los parámetros del método científico.

De hecho, no todo lo que va mal necesariamente tiene que seguir yendo mal. A despecho de todas las guerras, catástrofes y desgracias ocurridas en los últimos 1400 años, hay que reconocer que hoy vivimos mejor, -si vemos a la humanidad como un todo-, que en la profunda Edad Media.

Pero la sabiduría que expresan, -teñida con algo de cinismo y mala sangre-, tampoco se puede ignorar, sobre todo cuando estamos pensando en personas particulares, instituciones, negocios, empresas, partidos políticos, burocracias o grupos humanos.

El hecho de ser frases cortas, fácilmente recordables, cortantes, inesperadas, relacionadas con aspectos habituales de la vida o la práctica diaria y casi siempre cargadas de mucho sentido común, hacen de estas "leyes" un recordatorio de que la observación inteligente, la modestia, la prudencia y el pensar las cosas nunca están de más.

La ley de la cuchilla de Occam no es una ley científica en el más puro sentido de la palabra, pero viene a la mente de todo científico cuando una explicación ya se va haciendo muy complicada y cargada de soluciones posibles.

Los refranes son viejísimos y nadie duda de su sabiduría, <aunque hay refranes que se contradicen unos a otros>. "Zapatero a tus zapatos" sigue teniendo la misma connotación práctica hoy que hace 500 años, y suele ser un consejo sabio aunque existan excepciones.

Otra característica de las "leyes" que tratamos aquí es hacer evidente, y de manera rápida, un problema cualquiera.

A diferencia de la mentalidad asiática, puesta de manifiesto, por ejemplo, en los koan de la tradición zen: -"el aplauso es el sonido de dos manos. ¿Cuál es el sonido de una?" estos adagios van directo al problema e intentan ofrecer una explicación que tiene mucho de lógica.

Vale la pena destacar que al más alto y agudo nivel científico también se exponen conceptos contradictorios de este tipo:

Los teoremas de incompletitud de Godel, los conjuntos de Cantor, la paradoja de Einstein-Podolsky, el experimento de Young o la paradoja de Bertrand Russell son buenos ejemplos, que se denominan en lógica "aporías", pero la diferencia está en la rigurosa demostración matemática que estas tienen.

Estas "leyes" tienen puntos de contacto con los argumentos de los llamados "debunkers", palabra que inventó el novelista norteamericano William Woodward (1874-1950), o desmitificadores de pseudociencia, que ponen en evidencia a falsificadores, farsantes y cuasicientíficos de toda laya, aunque, -siempre existe un aunque-, también los debunkers a veces actúan por el simple deseo de llevar la contraria.

Esos son los oposicionistas sistemáticos.

Construya su propia ley

Si usted es una persona observadora, posee cierta agilidad mental y una pizca de amargura, está capacitado para enunciar sus propias leyes.

Si además está dotado de alguna formación científica, pues mucho mejor.

Es probable que cometa plagio en alguna medida, pero no se preocupe demasiado por eso, pues internet está lleno de leyes que en unos lugares tienen un nombre y en otros uno diferente, así que el plagio es algo consustancial de los adagios.

De hecho, muchas personas se pasan la vida enunciando leyes y no lo saben.

Sin embargo, injusticias que pasan, Murphy parece no haber enunciado en realidad ninguna y casi todas se le atribuyen, por lo menos de nombre.

Ahí les van algunas de las leyes de Fojo, y para colmo, con alguna que otra referencia de autoría.

- "Si está completamente confundido con los síntomas que tiene su paciente, póngale su nombre a ese síndrome; probablemente pasará a la historia". Preguntar a Alzhaimer.

- "si fracasas una vez, eres un estúpido; si fracasas muchas veces después de haberla pegado una vez, eres un genio". Releer a Ted Turner.

- "Los otros son pobres, tontos y desconocidos; si triunfan es que me copiaron o me hicieron caso". Escuchado a uno que de verdad lo cree.

- "El jefe siempre tiene la razón, por eso debe probarlo escuchándose a sí mismo y no oyendo a nadie más". Ley de Castro.

- "Para el rico, todo acto, bueno o malo, se explica por el dinero que debe existir detrás, y casi siempre tiene razón". Ver teorías conspirativas.

- "El perdedor no tiene historia, el triunfador es un libro de historia, el perdedor que triunfa es un dichoso y el triunfador que pierde prueba que todos conspiraron contra él". Siga viendo las teorías anteriores.

- "Se sabe que el que paga manda, por tanto trate de ser siempre el que obedece".

- "Si pierdes tu crédito eres un fracaso; si yo pierdo el mío, estoy haciendo una jugada para no pagarle a un ladrón".

Algunas perlas de colección (que, lamentablemente, no son mías)

Las denominadas en conjunto leyes de Murphy son centenares, sino miles.

Puede encontrarlas en diferentes sitios de internet, artículos de revistas, libros y escucharlas de vez en cuando en programas de radio y televisión (casi siempre plagiadas por los guionistas) o en la calle y el trabajo.

Recopilarlas lleva su tiempo y siempre aparecerá una nueva, <lo que ya podemos enunciar como una ley>. Citaremos algunas particularmente ingeniosas, aunque para simplificar no le pondremos autor, que por demás, casi nunca aparece.

Queda claro que el apelativo ley (o leyes) de Murphy es completamente genérico.

- Todo lleva más tiempo del que usted piensa.

- Si se encuentra bien, no se preocupe; se le pasará.

- Si no fuera por el último minuto, no se haría nada.

- Lo que se gana por un lado, se pierde por el otro.

- Murphy era un optimista.

- Todo comportamiento puede ser criticado.

- Los sucesos fortuitos tienden a suceder todos juntos.

- Nunca sabes quién tiene la razón, pero siempre sabes quién manda.

- En cuanto se ponga a hacer algo, se dará cuenta de que hay otra cosa que debería haber hecho antes.

- Nadie es tan feo como en la foto del pasaporte.

- La cantidad total de inteligencia del planeta permanece constante; la población, sin embargo, sigue aumentando.

- Un medicamento es una sustancia, que cuando se inyecta en una rata, produce un artículo en una revista médica.

- Existen dos tipos de esparadrapo: el que no se pega y el que no puede despegarse.

- Cambiarlo todo es básico para parecer un buen líder.

- Cuando un incompetente se marcha, reclutarán a otro.

- Cuando se intente demostrar que algo no funciona, funcionará, y viceversa.

- Las fotocopiadoras solo estropean los documentos más importantes.

- Para conseguir un préstamo, antes tendrás que demostrar que no lo necesitas.

- La luz al final del túnel es la luz del tren que viene de frente.

- El peor error siempre está en las primeras páginas.

- Cuanto mejor sea tu automóvil, más lejos se romperá.

- Robar ideas de uno es plagio; robar ideas de muchos es investigación.

- La corrupción del gobierno se conjuga siempre en pasado.

- Y por último, recuerde que: Todas las leyes, sean las que sean, son simulacros de la realidad.

18

Incertidumbre o predicciones.
A modo de resumen

Las tuercas sobrantes nunca se ajustan con los tornillos sobrantes

Handyman anónimo

Una conclusión es el punto en el que te cansaste de pensar

Anónimo

La escritora francesa Simone de Beauvoir sentenció en uno de sus libros:

-"Interésate por el futuro porque ahí es donde pasarás el resto de tu vida".

Por otra parte, un adagio comúnmente citado señala que las predicciones de un analista político, sea el que sea, nunca se harán realidad, y, por el contrario, ocurrirán cosas que nadie ha predicho o tan siquiera imaginado.

Como tantos otros dichos de uso común, este carece de pruebas estadísticas que lo avalen.

Es posible que las predicciones que se cumplen se olviden con rapidez, y las que no se convierten en realidad sean recordadas, sobre todo para incordiar a sus protagonistas.

En 1977, el informático Ken Olson aseguró que no había ninguna razón para que alguien quisiera tener una computadora en su casa, y se afirma que en 1981 Bill Gates dijo que no harían falta más de 640 KB de memoria en un ordenador portátil (él lo ha negado posteriormente).

Predecir el futuro es un negocio peligroso y poco fiable, pero... eso no significa que ignoremos el porvenir.

Semejante a como lo vislumbramos, -cada uno a su manera y deseos-, o abismalmente diferente, va a estar ahí, siempre cambiante, probando, o haciendo pedazos, predicciones y anhelos, generando continuamente nuevas incertidumbres.

Caractericemos entonces un poco la incertidumbre en la que habitualmente nos desenvolvemos, y la capacidad real de predecir, que sabemos tiene mucho que ver con la teoría del caos y es parte integral de nuestra condición humana.

Incertidumbre

Incertidumbre es una palabra con diferentes acepciones pero de fácil comprensión.

La joven enamorada que deshoja una margarita, y se pregunta ansiosa si será correspondida por su amado, está lidiando con su incertidumbre.

El enfermo que espera los resultados radiológicos y de laboratorio que pueden negar o confirmar sus graves temores. El desempleado que se pregunta una y otra vez por su futuro cercano y el de su familia no acude a una flor sino a las páginas de empleos de los periódicos y a dejar una estela de "resumes" tras sí, pero el sentimiento es más o menos el mismo que el del paciente y la joven.

Enfrentarse a las incertidumbres de la vida: económicas, sociales, laborales, familiares, intelectuales, espirituales, religiosas o de la índole que sean, es tarea de todo ser humano, y si se manejan de una forma madura, son abono para el crecimiento personal.

La confusión y el temor ante la vida, las incertidumbres del mañana, prueban, fortalecen y mejoran a la persona espiritual y socialmente sana, aunque siempre pagando un precio en ese síndrome al que la ciencia ha denominado estrés.

En los terrenos de la ciencia, la máxima expresión de incertidumbre fue formulada, creadoramente, por Werner Heisenberg (1901-1976).

El principio de indeterminación o principio de incertidumbre, que lleva su nombre (Principio de indeterminación o incertidumbre de Heisenberg), fue formulado por él a los 26 años de edad (1927), para lo que tuvo que desarrollar primero las matemáticas de matrices.

El principio enuncia, básicamente, que cuanto más se conoce la posición de una partícula subatómica, menos se puede conocer su velocidad de desplazamiento, y viceversa.

El principio, si se piensa cuidadosamente, incluye al observador.

Heisenberg explicaba que si se pudiera "alumbrar" un electrón para observarlo, se requeriría un fotón de luz, y este fotón alteraría la velocidad o la posición del electrón (o ambas), y por tanto nunca realmente podríamos saber toda la verdad sobre el momentum del electrón observado.

El principio de incertidumbre es una propiedad de la naturaleza, pero hecha evidente por nosotros, los observadores de la naturaleza, y claro, pensado, enunciado y demostrado matemáticamente por Heisenberg.

Cuando usted introduce un termómetro de varilla dentro de la masa de un pavo que se está horneando, la temperatura que tiene ahora esa masa del ave es unas milésimas más baja que la medida que marca el termómetro, porque parte de la energía calórica del pavo ha pasado de la carne al metal del termómetro.

En este ejemplo la cifra es despreciable y no altera para nada la cocción del pavo y su resultado final, pero a nivel de partículas subatómicas, que son, en última instancia las que componen la materia y la energía del universo, las cifras son determinantes.

Se debe recordar siempre que medir es interactuar.

El principio de incertidumbre o indeterminación no paraliza la observación científica, al contrario, es un reto constante a perfeccionar los análisis estadísticos, los dispositivos de observación y las técnicas de metrología.

Y hablando de incertidumbres.

¿Quién, por fin, escribió las geniales obras de William Shakespeare?

El pendenciero y brillante Christopher Marlowe; la poderosa y activa Reina Isabel I de Inglaterra; el enigmático Edward de Vere, 17avo. Conde de Oxford; un actor de segunda fila poco conocido y no muy culto llamado William Shakespeare o el cultísimo filósofo Francis Bacon.

Puede unirse a la discusión de esta vieja incertidumbre literaria e incluso proponer otros candidatos.

Le deseamos éxito en sus investigaciones, pero no olvide, querido lector:

Que el observador contamina (indetermina) la propia observación.

Predicciones

Por definición, una predicción no es más que una aseveración que se hace, dentro de un proceso discursivo lógico, para intentar validar una teoría mediante algo que debe ocurrir dentro de un marco elevado de probabilidad.

Con más sencillez; una predicción es lo que queremos que pase para demostrar que nuestra teoría, la que sea, es la correcta.

Aunque desde el punto de vista científico el término es claro, en la práctica diaria se confunde constantemente: suposiciones, presentimientos, augurios, presagios, pronósticos, profecías, corazonadas, anticipaciones, vaticinios, previsiones, conjeturas, promesas y otras muchas palabras son empleadas, unas más y otras menos, como sinónimos, y no lo son.

El escritor Arthur C. Clarke dijo en una ocasión que una predicción era un disparate, pues se refería a una afirmación acerca del futuro y el futuro no existe.

Aunque a primera vista, y desde la perspectiva de la lógica, Clarke tiene razón, todos los días vemos cumplirse diversas predicciones:

El cometa Halley aparece en el cielo en la fecha señalada cada cierto número de años; dos polos eléctricos positivos se repelen invariablemente y uno positivo y otro negativo se atraen; las tres leyes de Newton referentes a los cuerpos en movimiento se cumplen siempre; la predicción de Moore (ley de Moore) sobre los circuitos integrados se ha cumplido hasta ahora de forma patente; las predicciones de Einstein sobre el espacio-tiempo han sido confirmadas en todas las ocasiones en que han sido puestas a prueba (si los neutrinos viajaran a mayor velocidad que la luz todos los cimientos de la física se verían conmovidos, pero hasta el momento de escribir estas líneas eso no ha sido confirmado y todo parece indicar que no lo será).

¿Funcionan o no funcionan entonces las predicciones?

La respuesta es afirmativa, pero en el sentido de probabilidad matemática.

El cometa Halley aparece porque los cálculos matemáticos que se han hecho, correctamente, demuestran que existe una probabilidad muy alta de que así sea, pero eso no excluye que alguna vez tenga una colisión con un asteroide u otro cometa, por poner un ejemplo, y deje entonces de aparecer en nuestro cielo.

La ciencia lo que hace, en todos los casos, es establecer los posibles eventos (futuros posibles) y asignarle a cada uno un grado de probabilidad estadística.

En el caso de las leyes de Newton, bajo condiciones estables y conocidas, la probabilidad es de un 99.99999...% de que ocurran, pero, ¿se cumplirían dentro del horizonte de eventos de un agujero negro?

Todo lo que no pueda ser negado o confirmado por la estadística matemática deja de ser ciencia.

Eso no quiere decir que una persona inteligente, bien informada y de alto nivel intelectual no pueda creer de buena fe en una profecía, una predicción no científica, un presentimiento, un pronóstico o cualquier otro hecho sinónimo, pero esa creencia, que puede incluso ser cierta, y en diversas ocasiones lo es, no pertenece a la ciencia.

La síbila del Oráculo de Delfos le vaticinó a la delegación espartana que acudió a pedir consejo ante el avance del enorme ejército persa:

-"O Esparta es destruida o su rey morirá".

Parecía una paradoja absurda, pero Leonidas, el rey espartano, murió combatiendo en el desfiladero de las Termópilas, demostró que los persas podían ser derrotados, salvó a Esparta y quizás, sin saberlo, a nuestra forma de ser occidental.

Una cartomántica le vaticinó a la escritora chilena Isabel Allende que su hija Paula sería mundialmente famosa.

Mientras Paula permanecía en coma a causa de un accidente hospitalario que al final la llevó a la muerte, la

Allende se preguntaba como su hija podría ya ser famosa, pero al mismo tiempo narraba en un block la poco glamorosa y sencilla vida de la muchacha, narración que luego se convirtió en un libro, "Paula", leído por decenas de miles de personas, sobre todo en el mundo de habla hispana, convirtiendo, en efecto, a Paula en una figura reconocida internacionalmente.

Estas historias, y muchísimas otras del mismo tenor y sabor, pueden ser ciertas (o no) y hacen mitos y buena (o mala) literatura, o cine, pero lo que no son es ciencia.

Una opinión final

No estamos en condiciones de predecir el futuro.

Cualquiera de las hipótesis anteriormente expuestas, tanto las optimistas como las pesimistas pueden ocurrir, pero la historia de la humanidad, desde sus albores hasta hoy, ha sido siempre ascendente.

El ser humano ha encontrado fuerzas en las peores crisis para salir adelante, y en el futuro no debe ser diferente.

Nos negamos a creer que sea diferente.

El volumen de conocimientos existentes en las mentes de los habitantes del planeta (y en los soportes de información) y los nuevos conocimientos que se irán acumulando pueden parecer caóticos e incluso contraproducentes, pero a la larga, los hombres irán encontrando nodos de orden dentro del caos, que facilitarán un desarrollo coherente y positivo.

El ser humano siempre se ha erguido por encima del desastre y la desesperanza, pagando a veces, es verdad, un altísimo precio, y nuestra predicción predilecta es que siempre ocurrirá así.

Siempre.

Y UNA SUGERENCIA

La literatura acerca de la teoría del caos es extensa.

Se pueden encontrar publicaciones sumamente complejas sobre asuntos específicos: las matemáticas del caos, la geometría del caos, los fractales y sus propiedades, los atractores extraños, la relación entre teoría cuántica, relatividad y caos, los conceptos sobre dimensiones y sincronizaciones, las aplicaciones del caos a la medicina, el arte y la práctica de la guerra, la cosmología, la geografía, etc.

También pueden encontrarse diversos libros, artículos, e incluso películas, que hacen divulgación científica o se refieren de forma tangencial a esta teoría o a sus expresiones literarias y artísticas.

Teniendo en cuenta que este pequeño libro no es más que una sucinta introducción, sin complejidades científicas, a una teoría que cada vez se hace más importante para entender el mundo que nos rodea y en el que vivimos, hemos decidido no ofrecer una bibliografía abigarrada y extensa.

Recomendamos, eso sí, el libro "Chaos made clear" del profesor de la Universidad de Cornell Steven Strogatz, donde de una forma amena, pero muy rigurosa, se explican los vericuetos de la teoría del caos con mucha más profundidad y alcance para aquellos interesados en adentrarse en los fascinantes terrenos de la misma.

También recomendamos, por su calidad, la biografía de Albert Einstein, escrita por Walter Isaacson.

El autor

www.ingramcontent.com/pod-product-compliance
Lightning Source LLC
Chambersburg PA
CBHW031950170526
45157CB00002B/450